KB263201

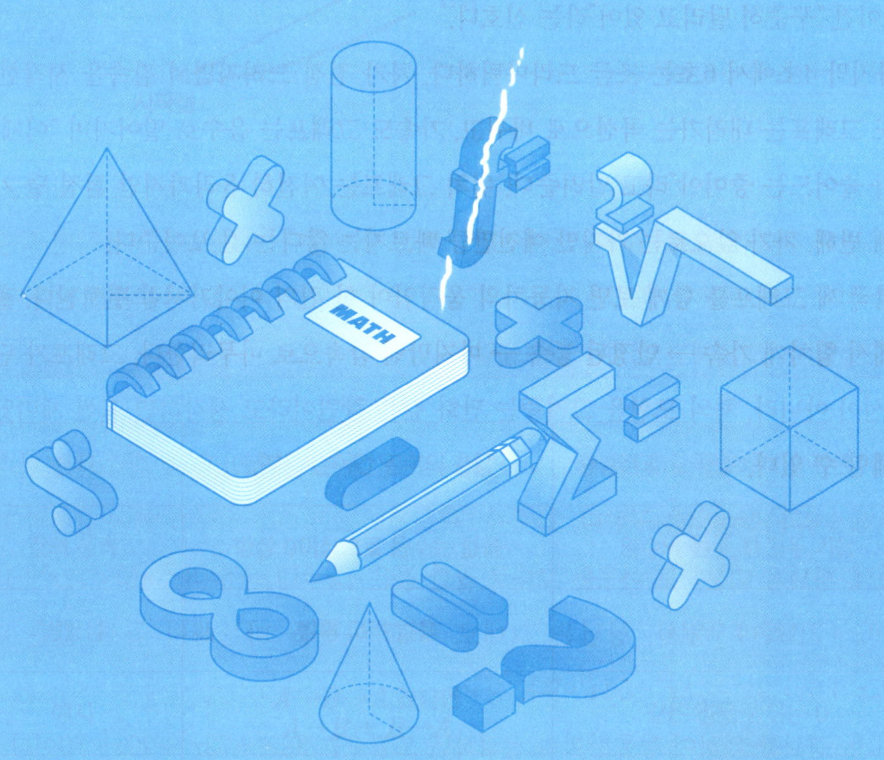

MATH

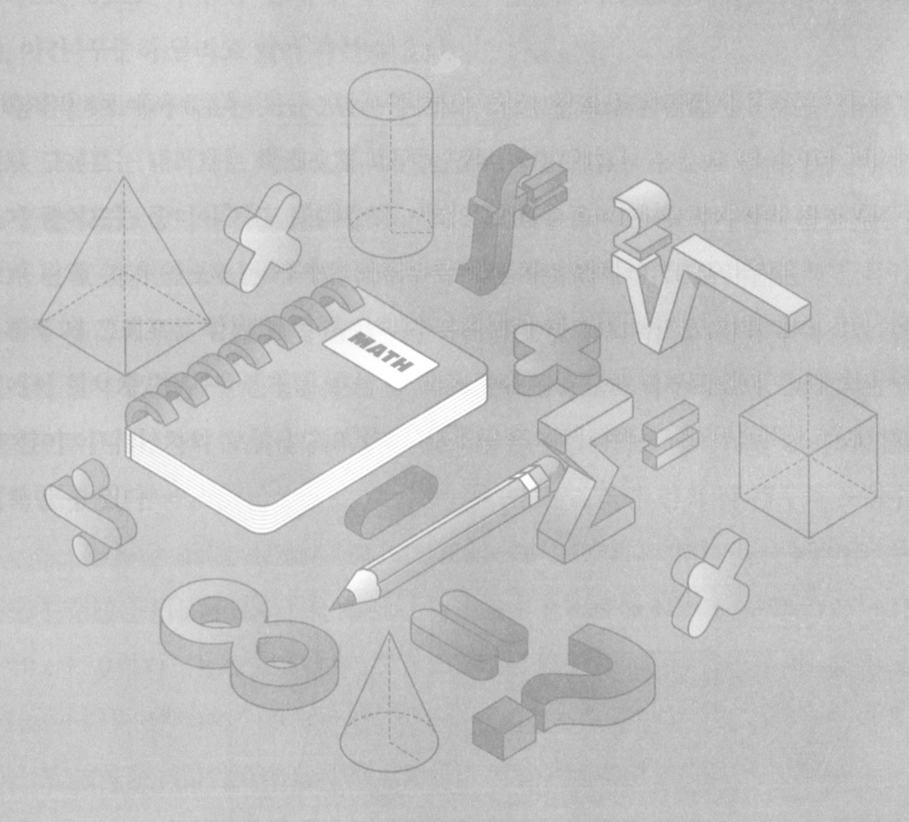

MATH

한 권으로 끝내는
미적분 원리와 개념

ⓒ 박구연, 2025

초판 1쇄 인쇄일 2025년 12월 15일
초판 1쇄 발행일 2025년 12월 24일

지은이 박구연
펴낸이 김지영   **펴낸곳** 지브레인^{Gbrain}
편   집 김현주
마케팅 조명구   **제작 · 관리** 김동영

출판등록 2001년 7월 3일 제2005-000022호
주소 04021 서울시 마포구 월드컵로7길 88 2층
전화 (02)2648-7224   **팩스** (02)2654-7696

ISBN 978-89-5979-812-4(03410)

• 책값은 뒤표지에 있습니다.
• 잘못된 책은 교환해 드립니다.

한 권으로 끝내는

미적분
원리와 개념

박구연 지음

지브레인

머리말

 미적분은 누구나 한 번쯤 들어본 수학 분야다. '수학의 꽃'이라는 별명이 있지만, 고등학교 시절 처음 마주했을 때 대부분은 그 아름다움보다는 난해함을 먼저 느낀다. 일상에서 당장 필요해 보이지 않는데도 왜 이렇게 중요하게 가르칠까 하는 의문이 생기는 것도 자연스럽다.

 그런데 미적분은 생각보다 더 넓은 세계에서 사용된다. 과학 실험실에서, 공학 문제 속에서, 경제 모델링에서, 그리고 우리가 매일 사용하는 기술 곳곳에서 조용히 움직이며 현실을 설명한다.

 실제로 2025년 11월 발사된 누리호 4차 비행의 뒤에도 미묘한 속도 변화와 궤적 계산을 다루는 미적분의 원리가 숨어 있었다. 여러분이 사용하는 스마트폰도 마찬가지다. 통신 신호를 나누고 조합하고, 화면의 움직임을 부드럽게 계산하는 과정에는 모두 미적분의 사고법이 작동한다.

 미적분은 이렇게 우리의 일상과 미래를 보이지 않는 곳에서 움직이고 있다.

 배울 때는 '내가 문제를 이해하고 푸는 건가, 아니면 그냥 기계적으로 계산하는 건가?' 헷갈리기 쉽지만, 미적분의 핵심 목표를 제대로 알게 되면 그 혼란은 차츰 정리된다.

 이 책은 그런 미적분을 어렵지 않게 다시 바라볼 수 있도록 구성했다. 새로운 개념을 만날 때마다 '이건 왜 필요할까?'라는 물음을 먼저 던지고, 한 걸음씩 따라가다 보면 어느 순간 작은 깨달음들이 쌓이게 된다. 그리고 이 깨달음은 대학이나 그 이상의 학습 단계에서 다시 미적분을 마주할 때 흥미를 붙잡아주는 힘이 된다. 처음에는 막막하지만, 차근차근 단계를 밟아 나가다 보면 어느 순간 익숙해지며 자신의 언어로 이해할 수 있게 된다.

이 책의 왼쪽 페이지에는 기본 개념과 꼭 필요한 정의들이 담겨 있다. 오른쪽 페이지에는 왼쪽 공식이나 정의에 대한 이해를 도울 수 있는 그림, 직관적인 설명, 그리고 필요한 증명이 소개되어 있다.

처음 보는 공식이 낯설게 느껴지더라도 걱정할 필요는 없다. 한 번에 이해되지 않아도 페이지를 넘기며 다양한 미적분을 만나다 보면 어느 순간 '아, 이 말이었구나' 하고 연결되는 순간이 온다.

이 책이 AI의 세상이 되어가는 현대 사회에서 중요한 미적분의 원리와 개념을 이해하고 더 가깝게 다가가면서 흥미 있는 학문으로 느끼게 만드는 계기가 되길 바란다.

박구연

목차

2장 꼭 알아야 할 미분의 기본 공식

E = hν
f(x) x - 1
sin²α + cos²α = 1
²-4ac
π = 3

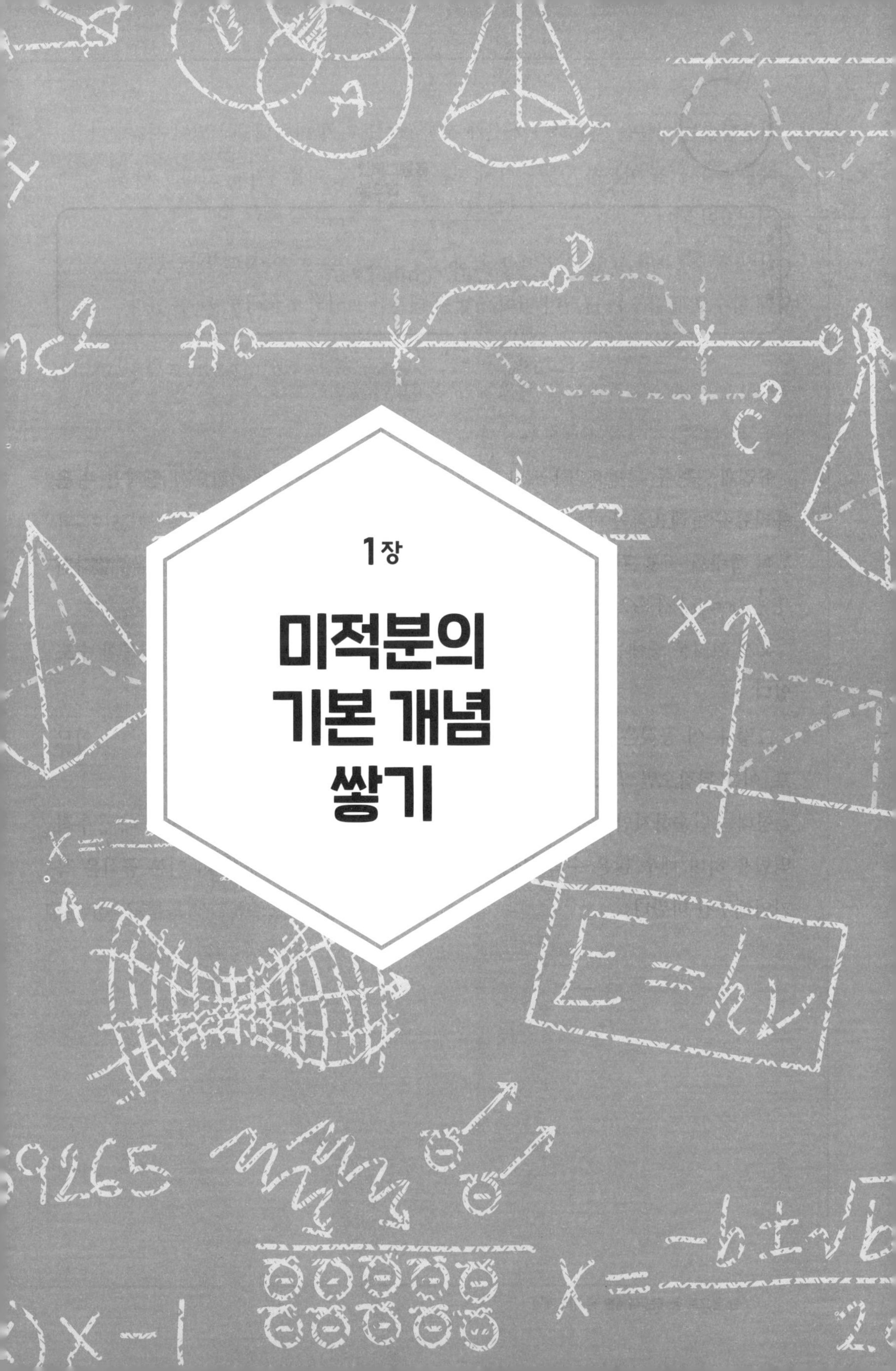
1장
미적분의
기본 개념
쌓기

미분이란 무엇인가?

물리, 경제, 과학, 공학 등 다양한 분야에서 활용되는 미분은 특정 시점에서의 변화 속도를 수학적으로 분석하는 개념이다. 이는 어떤 양이 시간이나 공간에 따라 얼마나 빠르게 변하는지를 나타내며, 전체 평균이 아닌 순간의 변화량을 구하는 데 목적이 있다.

예를 들어 하루 동안 기온이 지속적으로 변한다고 가정할 때, 오전 10시에 기온이 얼마나 빠르게 오르거나 내리는지를 파악하려면 해당 시점의 변화율을 계산해야 한다. 이때 사용되는 수학적 도구가 바로 미분이다. 평균 기온은 전체 시간 동안의 기온을 단순히 나눈 값이지만, 미분은 특정 순간의 기울기, 즉 변화 속도를 분석한다.

그래프를 통해 기온 변화를 시각적으로 표현할 경우, 특정 점에서의 접선 기울기를 구하는 것이 미분의 대표적인 예이다. 이 기울기는 해당 시점에서의 변화 속도를 의미하며, 그래프가 가파르게 상승하면 빠른 증가를, 완만하게 하락하면 느린 감소를 나타낸다. 이러한 방식으로 미분은 그래프의 형태를 통해 순간적인 변화를 수치로 표현한다.

미분은 일상적인 현상뿐 아니라 전문적인 분석에서도 중요한 역할을 한다. 예를 들어 물체의 순간 속도 계산, 주식 가격의 급격한 변동 분석, 온도나 압력의 실시간 변화 측정 등 다양한 상황에서 미분이 적용된다.

이러한 특성으로 미분은 복잡한 현상을 정밀하게 이해하고 예측하는 데 필수적인 수학적 원리로 여긴다.

태풍의 회전과 속도 변화는 미분이 포착하는 순간적인 움직임의 흐름이다.

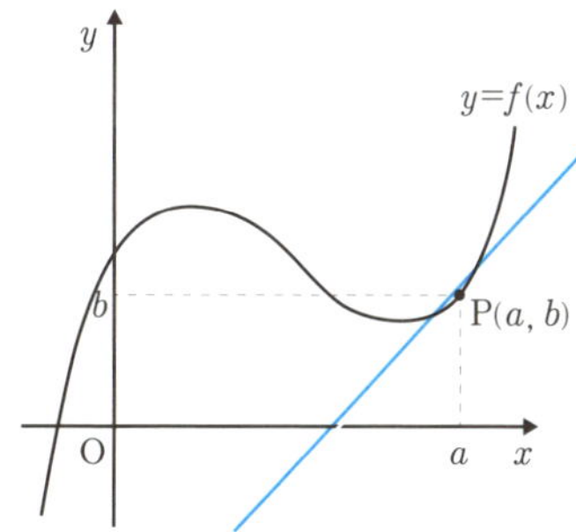

미분에서 접선의 기울기로 순간 변화율을 구한다

적분이란 무엇인가?

적분＝나누어진 조각들을 다시 모아서 전체의 양을 계산하는 것.

적분은 미분과는 다른 방향에서 사물을 바라보는 개념이다. 미분이 어떤 대상을 아주 작게 쪼개서 그 순간의 변화를 보는 과정이라면, 적분은 그 쪼갠 조각들을 다시 모아서 전체의 양을 계산하는 과정이다. 즉, 적분은 전체적으로 얼마나 쌓였는지를 구하는 것이다.

적분은 넓이, 부피, 총 거리, 에너지처럼 어떤 양이 시간이나 공간에 따라 누적된 값을 계산할 때 사용된다. 예를 들어 수도꼭지에서 물이 조금씩 흐를 때, 그 순간의 흐름 속도는 미분으로 분석할 수 있지만, 10분 동안 흐른 물의 총량은 적분으로 계산하는 것이 더 정확하다.

이렇게 적분은 변화가 계속 쌓여서 만들어진 전체량을 구하는 데 적합한 도구이다.

초등학교에서 배우는 원의 넓이 공식도 사실은 적분적인 사고방식에서 나온 것이다. 원을 아주 작은 조각들로 나누고, 그 조각들의 넓이를 모두 더해서 전체 넓이를 구하는 방식이 바로 적분의 원리와 같다.

결과적으로 적분은 전체 그림을 완성하기 위해 퍼즐 조각을 하나씩 모으는 과정과 비슷하다. 변화가 누적되어 만들어진 결과를 이해하고 계산하는 데 적분이 꼭 필요하며, 물리나 공학, 경제 같은 분야에서도 적분은 매우 중요한 역할을 한다.

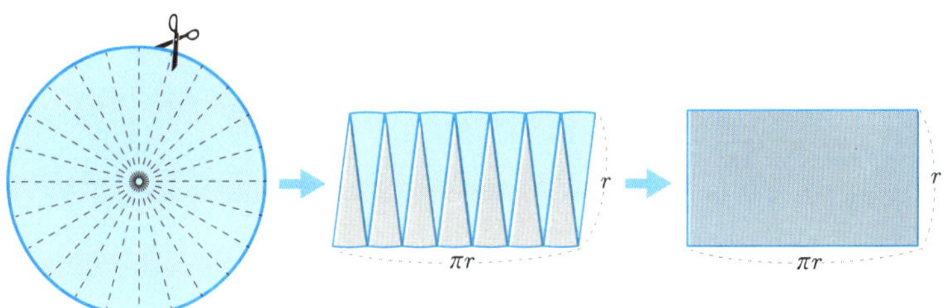

가위로 부채꼴을 하나씩 잘라서 엇갈리게 붙인다

원을 매우 작은 조각으로 나누고 그 조각들을 다시 붙여 전체넓이를 구한다.

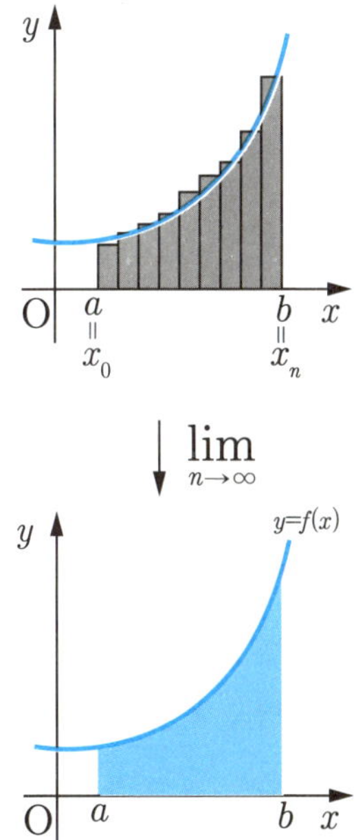

적분은 잘게 나눈 조각들을 다시 모아 전체의 크기나 양을 구하는 과정이다.

미적분의 접근

미적분은 호기심이 있는 사람이라면 일상 속에서
언제든지 찾아낼 수 있는 숨은 그림 찾기 같은 존재다

미적분학은 흔히 어렵다고 여겨지지만, 이는 수열, 함수, 행렬, 벡터, 삼각함수 등 다양한 개념을 아우르는 종합적인 수학 분야이자 수학의 꽃이다. 본래 복잡한 계산을 더 편리하게 하기 위해 발전했지만, 낯선 용어와 물리 현상 위주의 예시로 인해 어렵게 느껴지기 쉽다.

하지만 시각을 달리하면, 게임 캐릭터의 움직임이나 스마트폰 기술 등 일상생활에도 미적분 원리가 숨어 있음을 알 수 있다.

미적분은 한 번에 이해되는 학문이 아니라, 반복적인 개념 익히기를 통해 점차 친숙해지는 분야이다.

예를 들어 적분을 조각 맞추기처럼 생각하거나 미적분에서 자전거 속도 변화를 떠올리면 미적분이 우리와 멀지 않음을 느낄 수 있다.

미적분의 계산을 가능하게 하는 주요 장치는 마치 수학의 공통 언어와 같은 함수이다. 함수는 미적분학에서 매우 중요하며, 자연스럽게 함수의 세계로 나아가 미적분학을 이해하는 발판이 된다.

미적분이 어렵게 느껴지는 이유

(1) 시작하기도 전에 '어렵다'는 말부터 너무 많이 들었다.

(2) 알 수 없는 기호가 너무 많다.

(3) 이걸 왜 배우는지 모르겠다는 생각이 든다.

(4) 앞에서 조금만 놓치면 뒤가 전부 이해 안 된다.

미적분이 필요한 이유

(1) 계산 몇 개가 아니라, 수학 전체를 한 번에 묶어 보는 종합 과목이다.

(2) AI가 내놓은 결과를 그냥 믿지 않고 판단할 수 있다.

(3) 한 번 익히면, AI 시대에 오래 쓰이는 기본 능력이 된다.

(4) 현실을 숫자로 정리하는 언어가 바로 미적분이다.

호기심이 미적분을 재미있게 만든다

(1) 게임 캐릭터의 동작이 미적분학 원리로 정교하게 모델링될 수 있다.

(2) 네비게이션은 왜 그 길을 추천할까?

(3) 스마트폰 속 미적분의 다양한 활약.

(4) AI가 사진·영상 속 변화를 인식하는 원리.

미적분은 사실 공식을 외우는 과목이 아니라 현실에서 일어나는 변화를 다루기 위해 만들어진 도구다. 그래서 "이게 다 미적분이야?"하는 질문이 나오는 순간, 여러분은 사실상 미적분에 제대로 다가가고 있는 상태이다.

4. 함수란 무엇인가?

함수는 두 변수 x와 y 사이의 관계를 나타내며, 특히 x의 값이 정해졌을 때 y의 값이 오직 하나로 결정되는 경우 y를 x에 대한 함수라고 정의한다. 이러한 관계는 수학적으로 $y=f(x)$ 또는 $f(x)=y$로 표현되며, 즉 x라는 정의역이 함수 f라는 규칙을 거쳐 y라는 출력값으로 변환된다는 의미를 가진다.

함수에서 사용되는 변수 중 x는 독립 변수로서 함수의 값을 결정하는 기준이 되며, y는 x에 따라 결정되는 종속 변수이다. 함수 기호로는 일반적으로 영어 단어 'function'의 첫 글자인 f를 사용한다.

함수의 개념은 비유적으로 함수 기계로 설명할 수 있다. 이 기계는 정의역을 받아 정해진 규칙에 따라 처리한 후 출력값을 생성하는 구조로, 커피 머신을 생각해볼 수 있다. 원두라는 정의역을 넣으면, 머신이라는 규칙을 통해 커피라는 출력값이 만들어지며, 이 관계는 $y=f($ 원두$)$로 표현된다.

이처럼 함수는 입력과 출력 사이의 일관된 변환 과정을 나타내는 방법으로, 수학적 구조를 명확하게 설명하는 데 사용된다.

함수가 수학에서 중요한 이유는 단순히 변수 간의 연관성을 나타내는 것을 넘어, 변화하는 현상을 수학적으로 모델링하고 분석할 수 있게 해주는 주요 개념이기 때문이다.

함수는 정의역에 대해 항상 하나의 출력값만을 제공하는 일관성의 원칙을 기반으로 하며, 이를 통해 예측 가능하고 분석 가능한 구조를 제공한다.

이러한 특성으로 함수는 물리학, 공학, 경제학 등 다양한 분야에서 변수들 간의 관계를 설명하고 미래를 예측하는 데 필수적으로 활용된다.

$$f(x)=y$$

커피 머신에 원두라는 정의역(x)을 투입하면, 머신이라는 규칙(f)이 작용하여 커피라는 출력값(y)이 만들어진다. 이 과정을 수학적으로는 $y=f($ 원두$)$와 같이 나타낼 수 있다.

5. 함수의 구성요소와 조건

함수의 구성요소에는 정의역과 공역, 치역이 있다.

커피 머신이 제대로 작동하려면 가장 중요한 것은 명확한 규칙이다. 머신에 입력을 넣었을 때, 그에 따라 정확한 결과가 나와야 한다. 여기서 입력값 x는 우리가 머신에 넣는 원두, 캡슐, 혹은 누르는 버튼 같은 것이고, 출력값 y는 그 결과로 나오는 커피 한 잔이다.

함수라는 개념도 이와 같다. 하나의 입력값에 대해 반드시 하나의 출력값만 나와야 한다는 것이 함수의 필수 조건이다.

예를 들어 같은 아메리카노 버튼을 눌렀는데 한 번은 따뜻한 아메리카노가 나오고, 또 한 번은 차가운 라떼가 나온다면, 그건 머신이 고장난 것이고 수학적으로도 함수가 아니다. 입력에 대한 결과가 불확실하면 함수로 인정받을 수 없다.

함수에는 세 가지 중요한 범위가 있다. 먼저 정의역은 머신이 받아들일 수 있는 모든 입력값들의 집합이다. 예를 들어 손님 A, B, C, D가 커피를 주문할 수 있다면, 이 네 명이 정의역이 된다. 이들은 각각 버튼을 눌러 커피를 주문하게 된다.

공역은 머신이 이론적으로 만들 수 있는 모든 커피 종류의 집합이다. 에스프레소, 아메리카노, 카푸치노, 라떼 같은 메뉴들이 여기에 포함된다. 공역은 마치 머신의 전체 메뉴판과 같다고 볼 수 있다.

치역은 실제로 손님들이 주문해서 머신이 만들어낸 커피 종류의 집합이다. 예를 들어 A는 아메리카노, B는 카푸치노, C와 D는 에스프레소를 주문했다면, 치역은 아메리카노, 카푸치노, 에스프레소가 된다. 라떼는 공역에는 포함되어 있지만 실제로 주문되지 않았기 때문에 치역에는 들어가지 않는다.

함수의 구성요건

정의역 : 입력한 집합

공역 : 출력한 집합

치역 : 입력한 집합 중에서 선택된 출력한 집합

정의역과 공역 치역의 집합

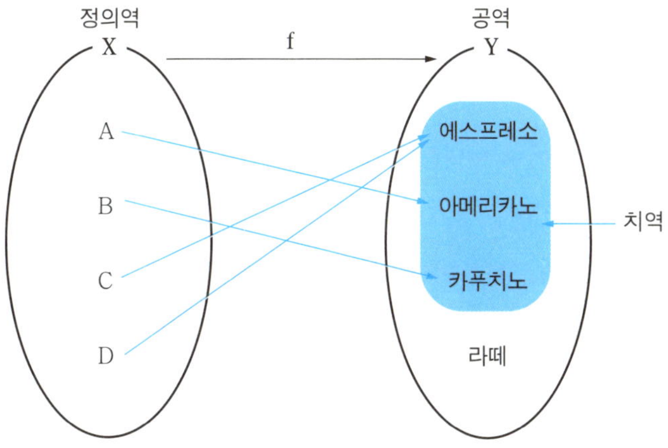

정의역과 공역, 치역의 집합 그림

함수가 입력 하나당 출력 하나를 만드는 기본 규칙을 넘어, 더욱 깨끗하고 완벽하게 작동하기 위한 조건이 바로 일대일 대응이다. 이 개념은 함수의 역과정(Inverse)을 생각할 때 특히 중요해진다.

일대일 대응의 규칙은 '서로 다른 입력값($x_1 \neq x_2$)은 출력값($f(x_1) \neq f(x_2)$)을 만들어낸다'이다.

예를 들어 '에스프레소 진하게' 버튼과 '에스프레소 연하게' 버튼이라는 서로 다른 입력을 눌렀는데, 둘 다 농도가 똑같은 '보통 에스프레소'가 나왔다고 가정해 보자.

결과로 나온 커피 한 잔만으로는 '어떤 버튼을 눌렀는지' 도저히 알 수가 없다!

이처럼 서로 다른 입력이 같은 결과를 만들 때, 우리는 결과(y)를 보고 입력(x)을 확정할 수 없게 된다. 이처럼 서로 다른 입력이 같은 결과를 만들 때, 우리는 결과(y)만 보고 그것을 만든 원래 입력(x)이 무엇이었는지 명확하게 구분할 수 없게 된다.

일대일 대응이 되려면, 위 규칙 외에도 '치역＝공역'이라는 조건까지 만족해야 한다. 즉, 머신의 메뉴판(공역)에 있는 음료는 모두 실제로 만들 수 있는 치역의 음료이어야 하며, 남는 메뉴가 없어야 한다는 뜻이다.

결론적으로, 일대일 대응 함수는 입력과 결과가 1:1로 정확하게 짝지어져 중복 없이 깔끔하며, 결과만 보고도 어떤 입력이 대응했는지 명확하게 알 수 있게 해주는 가장 완벽한 형태의 함수이다.

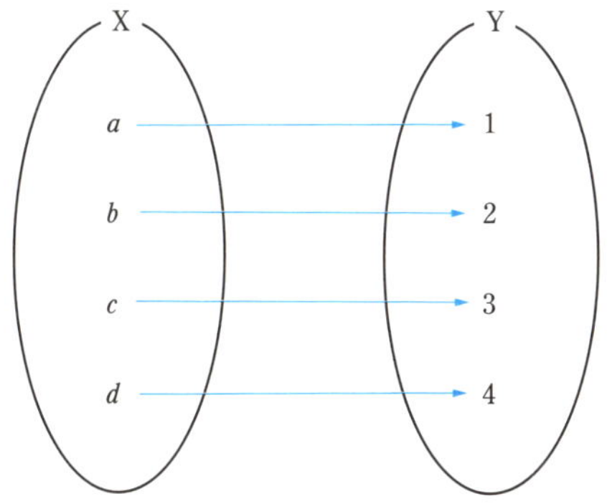 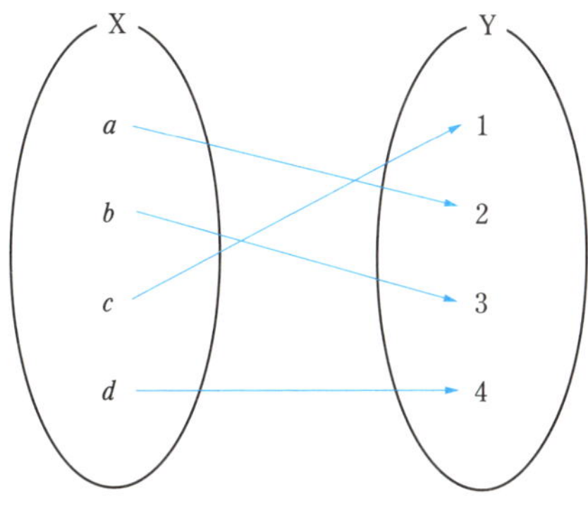

일대일 대응은 정의역의 모든 원소가 공역의 원소와 하나씩 짝지어지고,
공역의 모든 원소도 빠짐없이 정의역의 원소와 짝지어지는 대응이다

함수란 무엇인가? 일차함수

> 그래프 = 변수 간의 관계나 변화 과정을 직선이나 곡선으로 좌표평면에 시각적으로 표현한 형식.
>
> 일차함수 = '$y = ax + b$ 형태'로 표현되며, 일정한 기울기를 가진 직선의 그래프.

그래프란 무엇일까? 일상에서 자주 쓰이는 말이지만, 막상 정확하게 설명하려고 하면 조금 어려울 때가 있다. 사전적 의미로는 '여러 가지 자료를 분석해 변화 과정을 한눈에 알아볼 수 있도록 직선이나 곡선으로 나타낸 것'을 말한다. 그래프를 그리려면 좌표평면이 필요한데, 이 좌표평면의 개념은 데카르트가 정립한 것으로 알려져 있다. 우리는 주로 이 좌표평면 위에 미적분 문제를 시각적으로 표현하며 문제를 해결한다.

그래프에서 가장 기본적인 함수는 일차함수이다. 일차함수는 $y = ax + b$로 나타내며, 여기서 a는 0이 아니어야 한다. 왜냐하면 a가 0이면 함수는 더 이상 기울기를 가진 직선이 아니게 되기 때문이다.

현재로서는 a를 '기울기'라고 설명하는 것이 가장 이해하기 쉽다. 기울기 a는 직선 그래프가 얼마나 가파르게 올라가거나 내려가는지를 나타낸다. 예를 들어 함수가 $y = x + 1$이면, 이것은 일차함수임을 알 수 있다. x가 여러분의 나이라면, 연년생인 형제는 $x + 1$살이 될 것이다. 여러분이 15살이면 형제는 16살인 셈이다. 이 경우를 그래프로 그리면 좌표평면에서 우상향하는 직선이 된다. 우상향 그래프는 점점 값이 증가하는 것을 보여준다.

그렇다면 직선 그래프는 항상 우상향일까?

그렇지 않다. 우하향 그래프도 있다. 이것은 보통 기울기 a가 음수일 때 발생한다. 예를 들어 $y = -2x - 3$은 우하향하는 직선 그래프이다.

이렇게 기울기의 부호가 양수냐 음수냐에 따라 그래프가 증가하거나 감소하는 두 가지 형태가 일차함수의 기본이다.

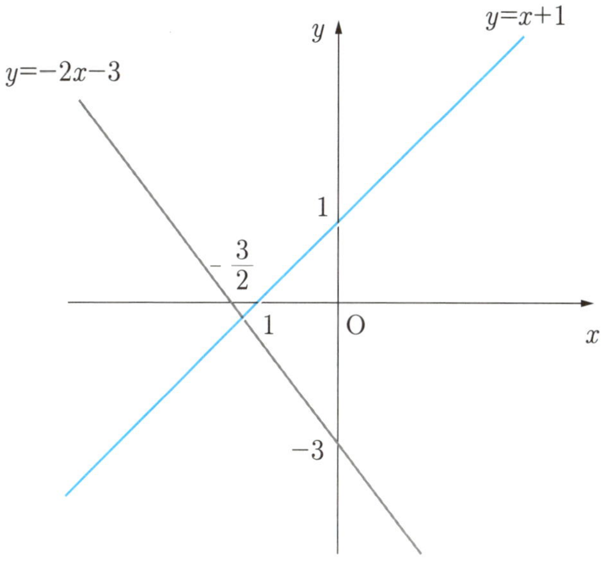

일차함수는 직선의 그래프이며 두 가지 유형이 있다.

파란 직선의 그래프는 $y=x+1$이고, 검은 직선의 그래프는 $y=-2x-3$이다. 두 그래프 모두 일차함수의 형태를 가지고 있으며, 각각 직선으로 표현된다. 하지만 이 두 함수의 가장 큰 차이점은 기울기 a의 값이다. 파란 그래프의 기울기는 $a=1$로 양수이고, 검은 그래프의 기울기는 $a=-2$로 음수이다. 이처럼 기울기의 부호가 다르기 때문에 두 그래프는 서로 다른 방향성을 갖는다.

파란 그래프는 기울기가 양수이므로 좌표평면에서 오른쪽으로 갈수록 위로 올라가는 우상향 직선이 된다. 반면, 검은 그래프는 기울기가 음수이기 때문에 오른쪽으로 갈수록 아래로 내려가는 우하향 직선으로 나타난다. 이처럼 기울기의 부호에 따라 그래프의 방향이 결정되며, 이는 일차함수를 이해하는 데 있어 매우 중요한 요소다.

함수란 무엇인가? 이차함수

이차함수= 선대칭 모양의 함수로 $y=ax^2+bx+c$의 그래프

돌아온 공의 궤적, 물줄기의 완벽한 곡선, 혹은 위성 접시의 오목한 형태까지, 세상의 가장 효율적인 움직임과 형태는 포물선이라는 하나의 규칙을 따른다.

이차함수의 그래프는 일차함수의 그래프와 비교했을 때 가장 눈에 띄는 시각적 차이점은 바로 그래프의 모양이다. 일차함수는 언제나 직선으로 나타나지만, 이차함수는 포물선 형태의 곡선으로 표현된다. 물론 두 함수의 식 자체도 다르다.

이차함수의 일반적인 형태는 $y=ax^2+bx+c$이며, 여기서 a는 0이 될 수 없다. $a=0$으로 가정했을 때 x^2 항이 사라져버려 이차함수가 아닌 일차함수가 되기 때문이다.

이차함수의 특징 중 첫 번째로 중요한 점은 그래프의 볼록 방향이다. 일차함수에서는 a가 기울기의 역할을 하며, $a>0$이면 우상향, $a<0$이면 우하향 직선이 된다.

반면 이차함수에서는 a의 부호에 따라 그래프의 모양이 달라진다.

$a>0$이면 아래로 볼록한 포물선이 되고, $a<0$이면 위로 볼록한 포물선이 된다. 즉 a의 부호는 그래프의 방향을 결정짓는요소다.

이차함수의 특징 (1)

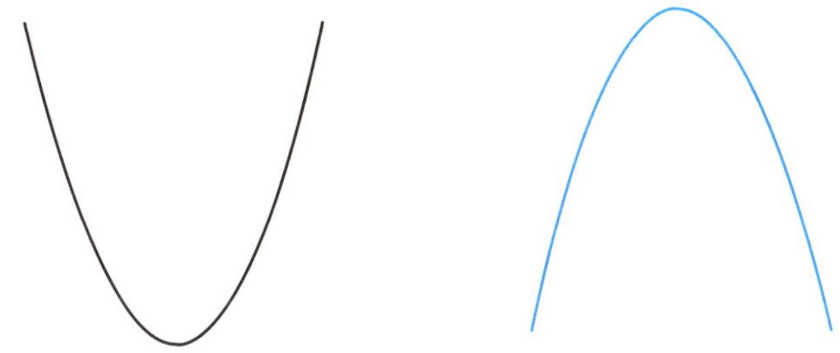

$a > 0$인 그래프는 아래로 볼록이고, $a < 0$인 그래프는 위로 볼록이다.

두 번째 특징은 꼭짓점의 존재이다. 이차함수의 그래프는 포물선 형태로 나타나기 때문에, 이 포물선에는 그래프에서 가장 높은 점 또는 가장 낮은 점인 꼭짓점이 반드시 존재한다.

이 꼭짓점은 함수의 최대값이나 최소값을 나타내며, 동시에 그래프의 대칭성과 전체 형태를 결정짓는 중요한 중심점 역할을 한다. 꼭짓점의 좌표는 이차함수의 완전제곱식에서 $x=-\dfrac{b}{2a}$로 구할 수 있으며, 이 x 값을 함수식에 대입하면 꼭짓점의 y 값도 함께 구할 수 있다. 이 꼭짓점은 문제를 해결하거나 그래프를 해석하는 데 있어서 중요한 역할을 한다.

세 번째 특징은 대칭성이다. 이차함수의 그래프는 꼭짓점을 중심으로 좌우가 완전히 선대칭을 이루고 있다. 즉, 꼭짓점의 x좌표를 기준으로 양쪽에 있는 점들은 서로 같은 y값을 가진다.

이러한 선대칭으로 그래프를 분석하거나 문제를 해결할 때 매우 유용하며, 함수의 성질을 직관적으로 이해하는 데 도움을 준다.

이차함수의 특징 (2)

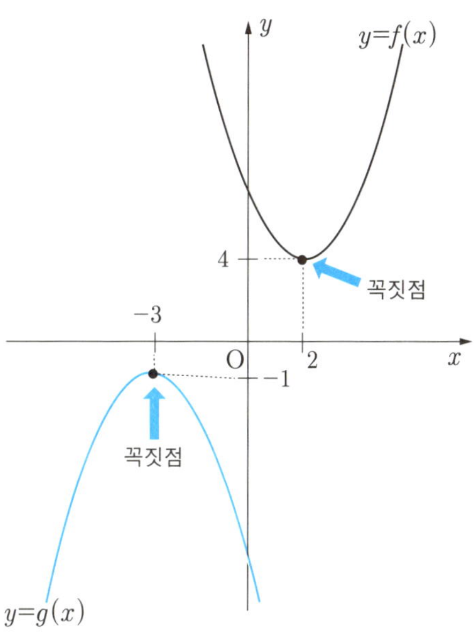

두 함수 모두 꼭짓점이 존재한다.

두 이차함수 $y=2x^2-8x+12$와 $y=-3x^2-18x-28$을 각각 $f(x)$, $g(x)$로 정의하면 비교가 쉬워진다. 이렇게 정리하면 그래프의 방향성과 꼭짓점 같은 이차함수의 핵심 차이를 명확히 이해할 수 있다.

이차함수의 특징 (3)

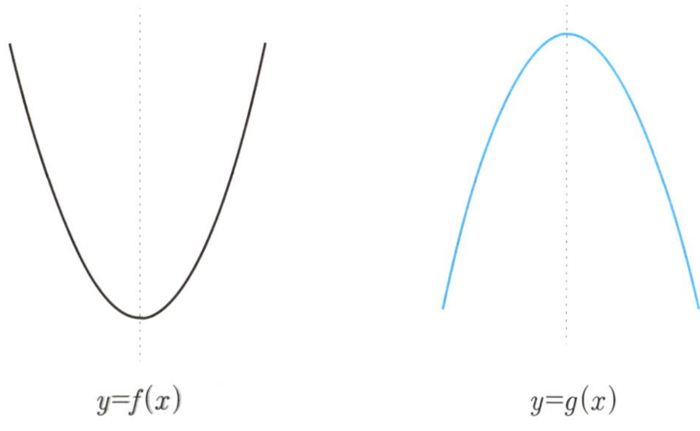

$f(x)$와 $g(x)$의 그래프 모두 선대칭

함수란 무엇인가? 삼차함수

여러분은 바람개비나 풍차가 모양이 바로 생각이 나는가? 중심을 기준으로 날개가 균형 있게 펼쳐져 있는 모습은 참 인상적이다. 이런 중심을 기준으로 모양이 반대 방향에 똑같이 나타나는 구조를 우리는 점대칭이라고 부른다. 이런 대칭성은 도형뿐 아니라 함수의 그래프에서도 볼 수 있다.

대표적인 예가 삼차함수의 그래프이다. 삼차함수는 변곡점이라고 부르는 한 특별한 점을 중심으로 점대칭을 이루는데, 변곡점은 그래프의 휘는 방향이 바뀌는 지점이다. 예를 들어 아래로 휘던 곡선이 위로 휘거나 반대로 바뀌는 순간이다. 이 변곡점을 중심으로 삼차함수 그래프가 대칭을 이루는 것이다.

반면, 이차함수는 한 직선, 즉 대칭축을 기준으로 좌우가 똑같이 생긴 선대칭이다. 따라서 삼차함수와 이차함수는 대칭 방식이 다르며, 이 차이를 통해 두 함수의 그래프 성질을 구분할 수 있다.

삼차함수는 보통 $y=ax^3+bx^2+cx+d$ 형태이며, 이때 a는 0이 될 수 없다. $a=0$이면 x^3항이 없어져 삼차함수가 아니라 이차함수나 그 이하 함수가 되기 때문이다.

가장 기본적인 삼차함수는 $y=x^3$이고, 이 그래프는 원점$(0, 0)$을 중심으로 점대칭을 이룬다. 바람개비의 중심을 떠올리면 이해하기 쉽다.

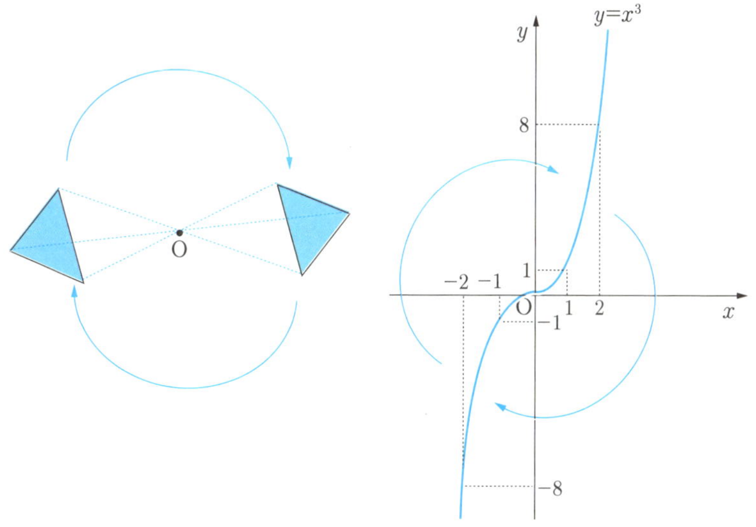

점대칭 도형과 $y=x^3$의 그래프는 점대칭이라는 점에서 공통점을 갖는다.

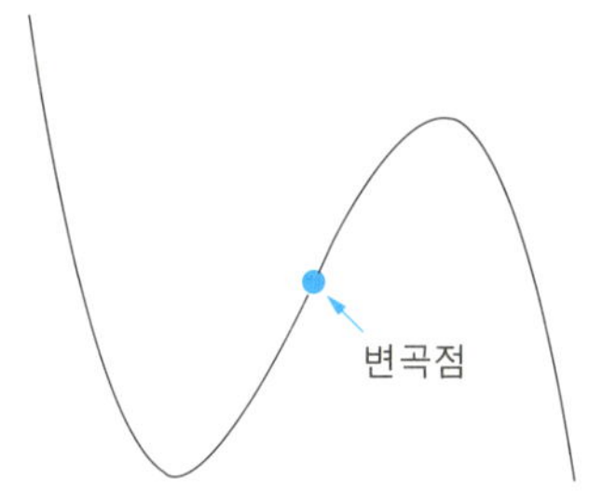

변곡점은 곡선의 오목과 볼록이
바뀌는 점이다.

삼차함수에서 a는 그래프 모양을 결정하는 중요한 요소이다. $a>0$일 때는 그래프가 왼쪽 아래에서 오른쪽 위로 올라가고, $a<0$일 때는 왼쪽 위에서 오른쪽 아래로 내려간다. 또한 $|a|$ 값이 클수록 그래프의 곡선이 더 가파르고, 작을수록 완만해진다.

이처럼 삼차함수는 대칭성과 곡선의 흐름이 잘 드러나는 함수로, 그래프를 통해 함수의 특성을 시각적으로 쉽게 이해할 수 있는 좋은 예시이다.

특히 그래프가 x축을 기준으로 방향성이 뚜렷하게 나타나기 때문에, 함수의 증감 관계를 직관적으로 파악할 수 있다.또한 다양한 실생활 현상이나 데이터의 흐름을 설명할 때 삼차함수의 형태가 유용하게 활용되기도 한다.

또한 그래프가 x축을 통과하는 지점을 실근이라고 하는데, 이는 눈으로 확인할 수 있는 실제 교점이다.

반대로 그래프가 x축과 만나지 않더라도 근이 존재할 수 있으며, 이러한 근을 허근이라고 하며 그래프에는 드러나지 않고 계산을 통해서만 알 수 있다.

삼차함수는 반드시 하나 이상의 실근을 가지므로 최소한 한 번은 x축을 지나가게 되고, 여러 개의 실근이 있을 경우 그 위치에 따라 그래프의 굽어짐과 흐름을 더 정확히 파악할 수 있다. 따라서 근의 개수와 위치는 삼차함수의 전체적인 모양을 이해하는 데 중요한 실마리이다.

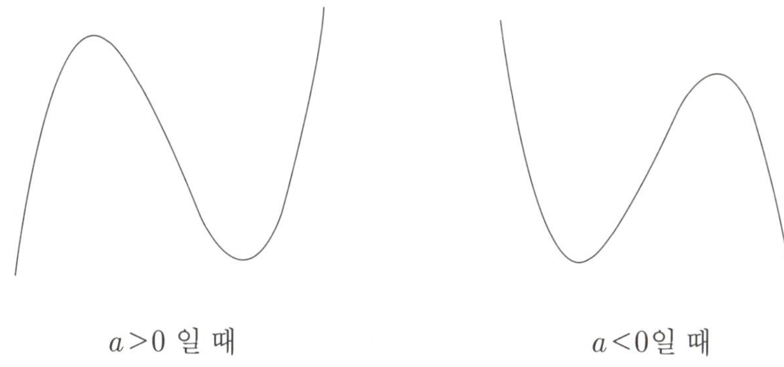

$a>0$ 일 때 $a<0$일 때

$y=ax^3+bx^2+cx+d$에서 $a>0$일 때와 $a<0$일 때의 그래프 모양

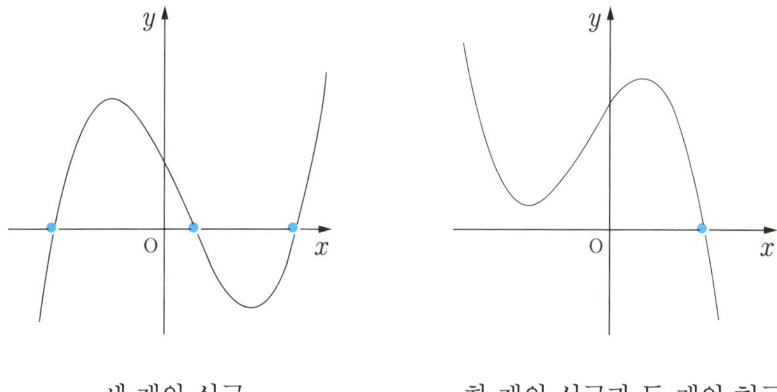

세 개의 실근   한 개의 실근과 두 개의 허근

삼차함수의 그래프가 x축과 만나는 점의 개수가 실근의 개수이며, 그 외의 근은 허수이다.

9 함수란 무엇인가? 역함수

역함수 : 함수가 일대일 대응일 때 정의역과 치역을 서로 바꾼 함수

함수 $y=f(x)$의 역함수는 f의 대응 관계를 역방향으로 되돌리는 함수이며, $y=f^{-1}(x)$로 나타낸다. 역함수의 그래프는 원래 함수의 그래프를 직선 $y=x$에 대하여 대칭시켰을 때 얻을 수 있다는 기하학적 특징을 갖는다.

이는 함수 f 위의 점 (a,b)가 $y=x$에 대해 대칭 이동된 점 (b,a)가 역함수 f^{-1} 위에 위치한다는 것을 의미한다.

예를 들어 함수 $y=x+2$의 그래프를 직선 $y=x$를 기준으로 대칭시키면 그 역함수인 $y=x-2$가 되며, $y=-4x+5$와 같은 함수 역시 역함수 $y=-\dfrac{1}{4}x+\dfrac{5}{4}$와 $y=x$를 중심으로 대칭을 이루게 된다.

그래프를 직접 그리지 않고 역함수를 구하는 방법은 대수적인 과정, 즉 x와 y의 교환을 따른다.

1. x에 대해 식 정리 : 주어진 함수식 $y=f(x)$를 x를 주인공으로 하여 x에 대한 식으로 정리한다. 이로써 $x=f^{-1}(y)$ 형태의 역의 관계식을 얻는다.

2. 변수 교환 : 함수의 일반적인 표현을 위해, 단계 1에서 얻은 식의 x와 y를 서로 교환하여 최종적인 역함수 $y=f^{-1}(x)$를 도출한다.

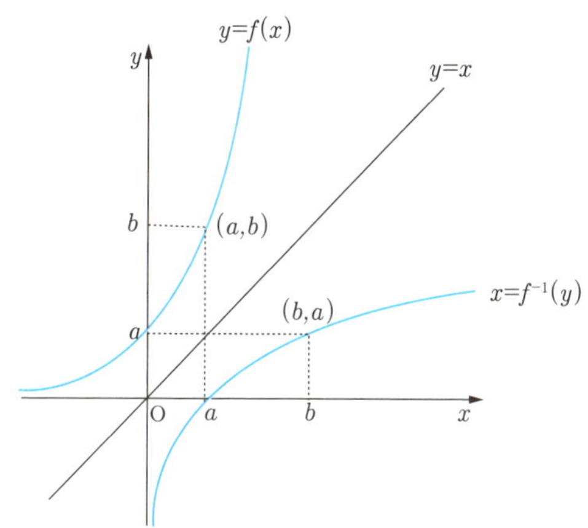

$y=f(x)$의 그래프와 $x=f^{-1}(y)$는 $y=x$축을 대칭으로 한 역함수 관계

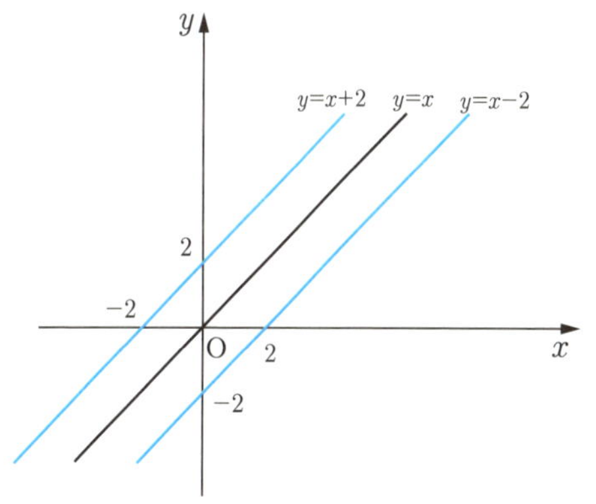

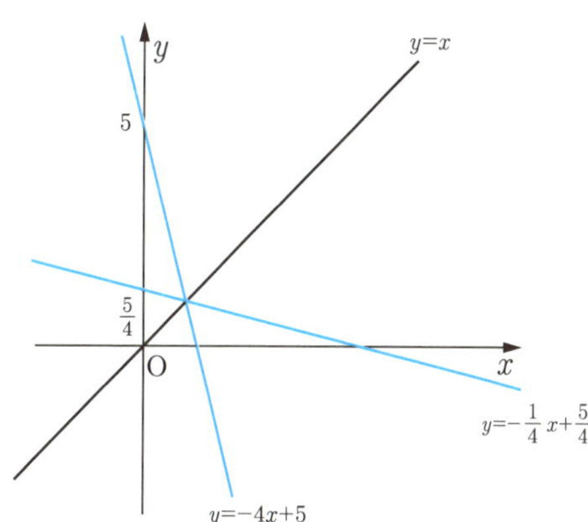

함수 $y=x+2$와 역함수 $y=x-2$ 함수 $y=-4x+5$와 역함수 $y=-\dfrac{1}{4}x+\dfrac{5}{4}$

함수 $f(x)=3x-1$의 역함수를 구하는 과정은 원래 함수의 대응 관계를 거꾸로 되돌리는 절차이다. 먼저 $y=3x-1$로 나타낸 후, x에 대해 정리하면 $x=\dfrac{y+1}{3}$이다. 이후 x와 y를 서로 바꾸면 $y=\dfrac{x+1}{3}$이 되고, 역함수는 $f^{-1}(x)=\dfrac{x+1}{3}$으로 얻어진다. 이 그래프는 직선 $y=x$에 대해 원래 함수와 대칭을 이룬다.

여기서 중요한 점은, 역함수가 존재하려면 원래 함수가 반드시 일대일 대응이어야 한다는 것이다.

일대일 대응이란 이전 단원에도 설명했지만 '하나의 정의역이 하나의 치역에만 연결되고, 그 치역도 오직 그 정의역에서만 나온다'는 성질이다. 즉, 서로 다른 두 정의역이 같은 치역을 가지면 안 된다.

예를 들어 $y=x^2$은 $x=2$와 $x=-2$가 모두 $y=4$를 만들어내므로 일대일 대응이 아니므로 전체 실수 범위에서는 역함수가 성립하지 않는다.

하지만 정의역을 $x\geq0$으로 범위를 정하면 같은 치역을 두 정의역이 공유하지 않게 되어 역함수가 존재할 수 있다. 이처럼 역함수가 존재하려면 함수가 단조증가, 단조감소와 같은 성질뿐만 아니라 일차함수처럼 단조성을 포함하는 일정한 증가나 감소의 경향을 가져야 한다.

$$y = 3x - 1$$

x에 대해 정리하면

$$x = \frac{y+1}{3}$$

x와 y를 서로 바꾸면

$$y = \frac{x+1}{3}$$

y 대신 $f^{-1}(x)$로 나타내면

$$f^{-1}(x) = \frac{x+1}{3}$$

$y = 3x - 1$의 역함수를 구하는 과정

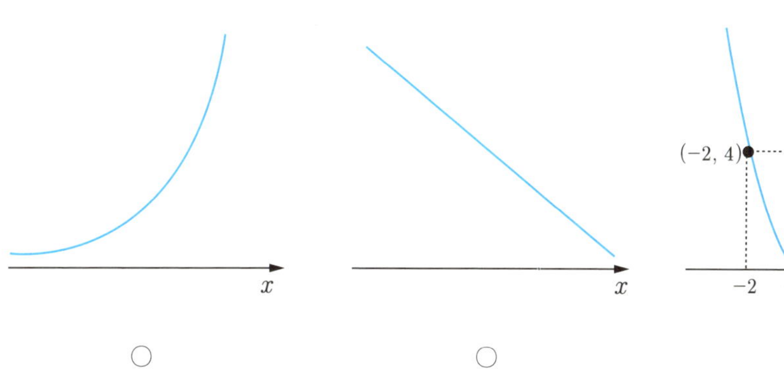

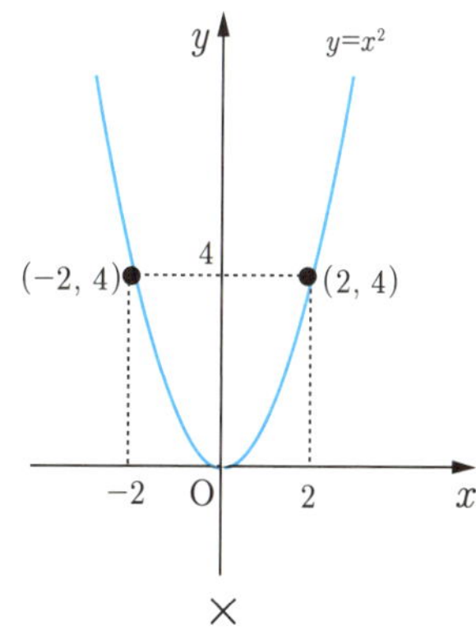

역함수가 존재하려면 단조 함수 형태여야 한다.

10 함수란 무엇인가? 지수함수

지수함수란, 미지수 x가 지수 자리에 있는 형태인 $y=a^x$로 나타내는 함수로, 여기서 a는 '밑'으로 부르며, 이 함수는 단순한 수학적 표현을 넘어서 현실 세계의 놀라운 현상들을 설명하는 데 주옥같은 역할을 한다.

예를 들어 은행의 복리 이자 계산에서 돈이 시간이 지날수록 눈덩이처럼 불어나는 모습, 인구가 세대를 거치며 폭발적으로 증가하는 패턴, 박테리아가 몇 시간 만에 수천 배로 증식하는 생물학적 과정, 그리고 코로나19 바이러스처럼 감염자가 기하급수적으로 늘어나는 전염병의 확산까지의 이 모든 것이 지수함수로 표현될 수 있으며, 작은 변화가 엄청난 결과로 이어지는 '기하급수적 성장'이라는 개념을 직관적으로 보여주는 함수이다.

특히 그래프를 그려보면, 처음에는 완만하게 시작되다가 어느 순간부터 급격히 치솟거나 가라앉는 곡선이 나타나는데, 이 모습은 마치 현실 속에서 우리가 예상하지 못한 속도로 벌어지는 사건들을 시각적으로 드러내는 듯한 인상을 준다.

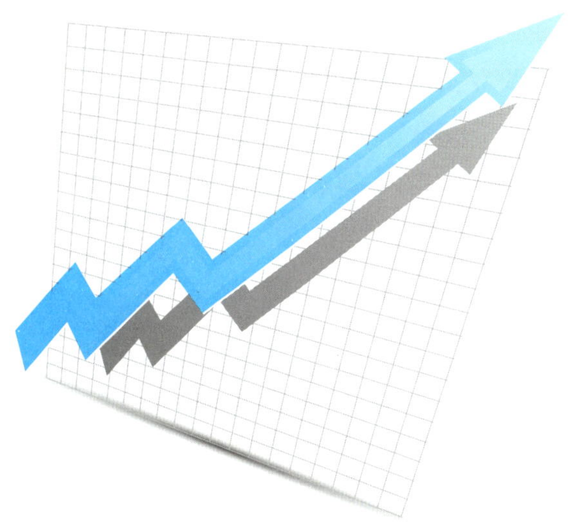

기하급수적 그래프의 예 : 박테리아 증가나 인구 증가, 질병 감염자의 증가 등 폭발적인 증가
를 보통 기하급수적으로 증가한다고 한다. 이때 지수함수를 가장 많이 사용한다.

지수함수는 $y=a^x$ 형태로, 밑 a가 0보다 크고 1이 아닌 경우에만 성립한다. $a \leq 0$이면 함수가 실수 영역에서 정의되지 않거나 복잡한 복소수 계산으로 넘어가게 되어 지수함수의 본래 성질을 잃게 되고, a가 1이면 $y=1^x=1$이 되어 어떤 값을 넣어도 항상 같은 결과만 나오는 단순한 상수 함수가 된다.

따라서 지수함수가 지닌 변화와 성장이라는 주요 개념을 표현하기 위해서는 반드시 $a>0$이면서 $a \neq 1$이라는 조건을 만족해야 한다.

이 조건을 만족하는 지수함수는 시간의 흐름에 따라 값이 급격히 커지거나 작아지는 독특한 곡선 형태를 가지며, 현실 세계의 다양한 현상으로 복리 이자, 인구 증가, 바이러스 확산, 방사능 붕괴, 약물 농도 감소 등을 수학적으로 정밀하게 설명할 수 있다. 특히 $a>1$일 때는 함수가 빠르게 증가하며, 그래프는 오른쪽으로 갈수록 가파르게 솟구쳐 마치 눈덩이처럼 커지는 성장을 보여주고, $0<a<1$일 때는 함수가 점점 감소하며, 그래프는 완만하게 하강하면서 0에 가까워지는 모습을 보인다.

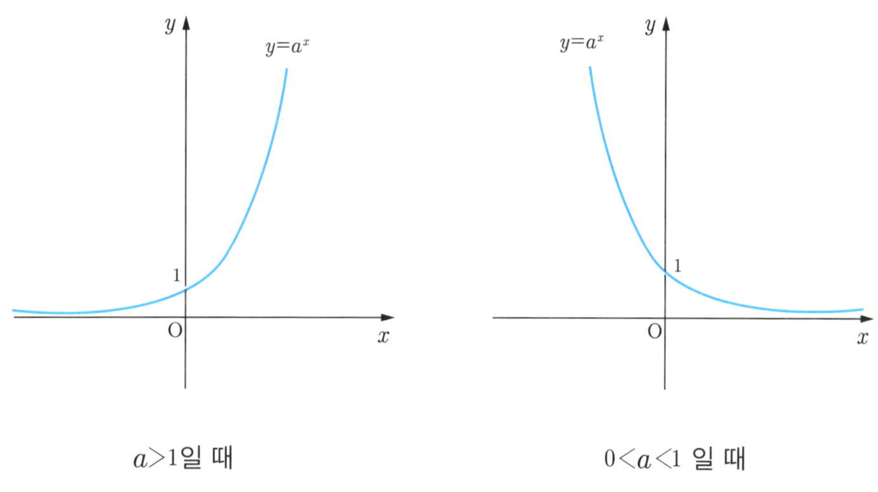

지수함수의 두 가지 형태

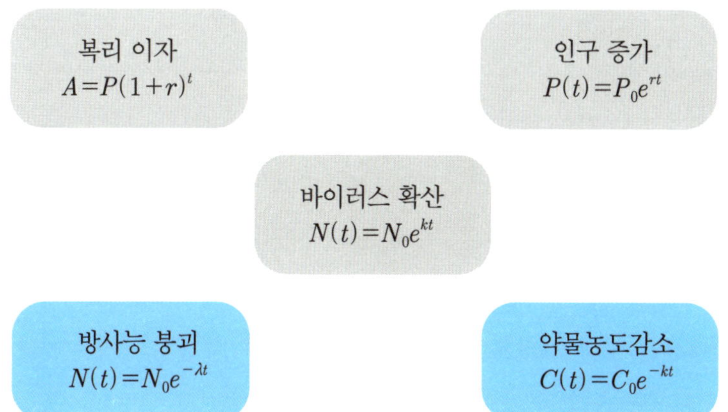

지수함수가 수학에 사용되는 사례들 : 회색 칸은 급등하는 지수함수, 파란 칸은 서서히 감소하는 지수함수의 성질을 띤다.

함수란 무엇인가? 로그함수

로그함수 : 지수함수의 역함수로, 큰 수의 차이를 다루기 쉬운
작은 숫자로 변환하여 나타내는 함수 $y=\log_a x\,(a>0, a\neq1, x>0)$

지수 함수는 입력값이 1만 늘어나도 결과가 단순히 조금 커지는 것이 아니라, 이전 값의 몇 배로 커진다.

예를 들어 $10^1=10$, $10^2=100$처럼 지수가 1만 증가해도 값은 10배가 된다. 이렇게 급격히 증가하는 값의 차이를 설명해주는 수학적 도구가 바로 로그 함수이다. 로그함수는 $y=\log_a x$ 형태로 나타낸다. 지수적으로 커진 값을 거꾸로 추적하는 계산법이다. 밑 a는 0보다 크고 1이 아닌 양수여야 하며, 진수인 x는 양수이어야 한다.

이 조건을 만족할 때 로그함수는 성립한다. 로그함수는 별의 밝기, 지진의 규모, 방사능 연대 측정, 소리의 크기, pH 농도 등 다양한 분야에서 사용되며, 엄청난 차이를 간단한 숫자로 표현할 수 있게 해주는 촉매이다. 그래프는 밑 a의 값에 따라 두 가지로 나뉜다. 즉 $a>1$일 때는 단조 증가 함수로 x가 커질수록 y도 커지고, $0<a<1$일 때는 단조 감소 함수로 x가 커질수록 y는 작아진다. 두 그래프 모두 $(1, 0)$을 지나며, 점근선은 $x=0$이다. 또한 로그함수는 지수함수의 역함수라는 성질을 가져, 복잡한 곱셈, 나눗셈 계산을 덧셈, 뺄셈으로 단순화할 때도 매우 유용하게 활용된다. 그래서 데이터 분석, 천문학, 컴퓨터 알고리즘 등에서도 자주 사용된다.

로그함수는 밑의 범위에 따라 증가함수와 감소함수 두 가지로 나눈다

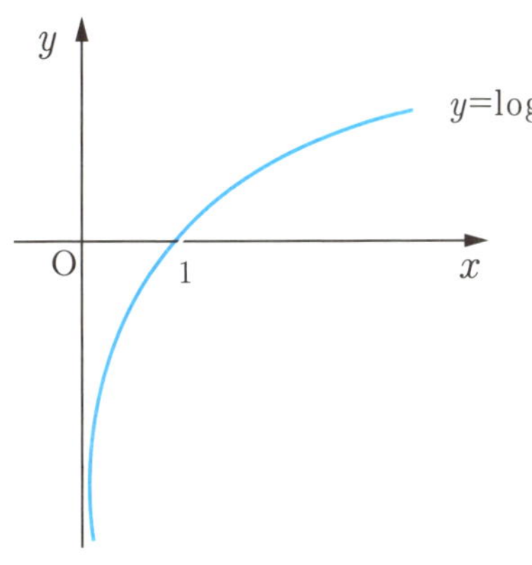

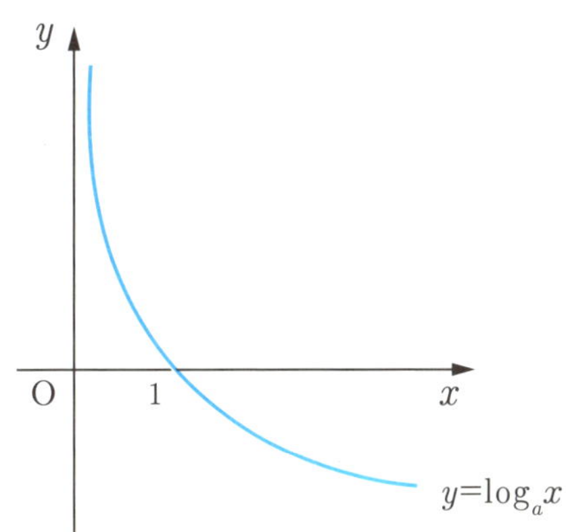

$a>1$일 때

$0<a<1$일 때

로그함수의 실생활 사례들

별의 밝기
$$n = -2.5\log\frac{I}{I_0}$$

지진의 규모
$$M = \log\frac{A}{A_0}$$

방사능 연대 측정
$$t = \frac{1}{\lambda}\ln\frac{N_0}{N}$$

소리의 크기
$$L = 10\log\frac{I}{I_0}$$

pH농도
$$pH = -\log[H^+]$$

로그함수는 지수함수의 거울과 같다. 이제 그 의미를 차근차근 설명해 보겠다.

로그함수는 지수함수 $y=a^x$의 역함수이다. 즉, 지수함수가 '몇 번 곱하면 얼마가 되는지'를 계산한다면, 로그함수는 '얼마가 되려면 몇 번 곱해야 하는지'를 알려주는 것이다.

예를 들어 지수함수 $2^3=8$은 2를 3번 곱하여 8을 얻는 과정을 보여주는 반면, 로그함수 $\log_2 8=3$은 8이라는 결과를 얻기 위해 밑이 2인 수를 3번 곱한 것을 나타낸다. 이 두개는 $y=x$라는 직선을 기준으로 서로 대칭 관계에 있으며, 지수함수의 x와 y를 서로 바꾸면 바로 로그함수가 된다.

그래프를 보면 지수함수가 위로 솟구치는 곡선이라면 로그함수는 옆으로 길게 뻗는 곡선이다.

이러한 관계로 로그함수는 지수적 성장을 분석하거나 조절할 때 매우 유용하며, 복잡한 계산을 단순화하고, 현실의 급격한 변화를 이해하는 데 필요하다.

지수함수와 로그함수의 역함수 관계

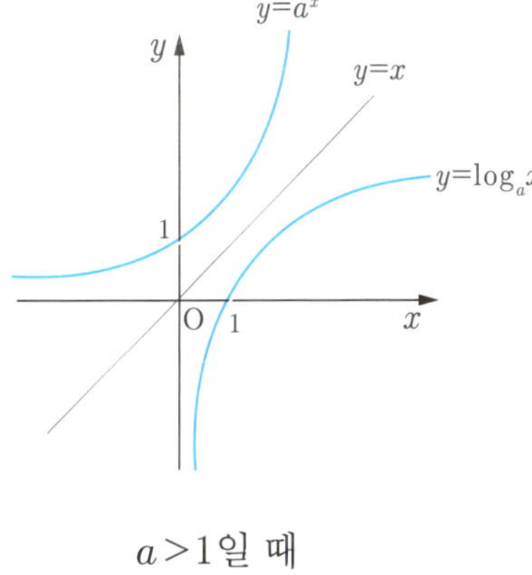

$a>1$일 때

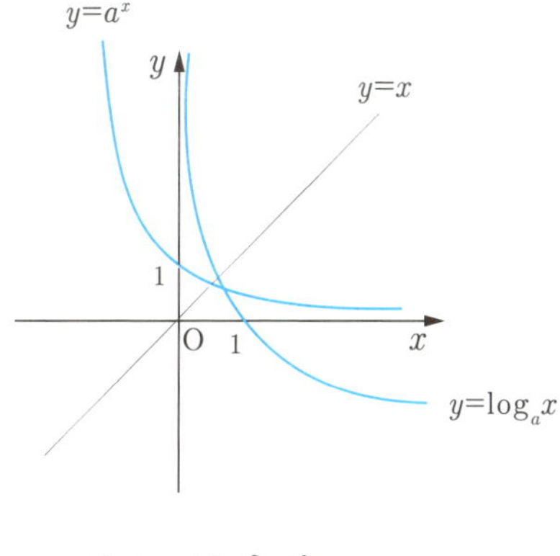

$0<a<1$일 때

☑ 간단 체크

지수함수 $y=a^x$에서
$a=5, y=4$가 주어지면

$\longrightarrow$

$4=5^x$

(해석)5를 x번 곱하면 4가 된다

역함수

$x=\log_5 4 \approx 0.861(번)$

(결론)5를 약 0.861번 곱하면 4가 된다!

로그 세계에선 거듭제곱을 자연수만이 아닌 실수로 확장한다.

함수란 무엇인가? 삼각함수

삼각함수는 천문학에서 별의 위치와 하늘의 움직임을 계산하기 위해 시작된 개념이다. 고대 천문학자들은 직각삼각형의 각도와 변의 길이 사이의 관계를 이용해 별의 위치를 예측했고, 이 과정에서 삼각비가 등장했다. 이러한 삼각비를 일반적인 각도로 확장한 것이 바로 삼각함수이다.

오늘날 삼각함수는 파동, 주기, 회전 등 반복되는 현상을 표현하고 분석하는 데 널리 사용되는 수학의 핵심 개념이다.

삼각비는 직각삼각형에서 정의되고 시작하는 비율이다. 높이를 a, 밑변을 b, 빗변을 c로 할 때, $\sin A$에 대한 삼각비는 (높이)÷(빗변)으로 $\dfrac{a}{c}$이다.

두 번째로 $\cos A$에 대한 삼각비는 (밑변)÷(빗변)으로 $\dfrac{b}{c}$이다.

세 번째로 $\tan A$에 대한 삼각비는 (높이)÷(밑변)으로 $\dfrac{a}{b}$이다.

이러한 삼각비를 각도에 따라 함수로 확장한 것이 사인, 코사인, 탄젠트 함수이다.

삼각함수의 특수각은 $0°, 30°, 45°, 60°, 90°$에서 각각 고유한 값을 가지며, 이는 주로 직각삼각형에서 유도된다.

이 값을 알면 삼각함수의 변화를 쉽게 이해할 수 있으며, 자세한 수치는 오른쪽 도표를 참고하면 더욱 쉽고 정확하게 확인할 수 있다.

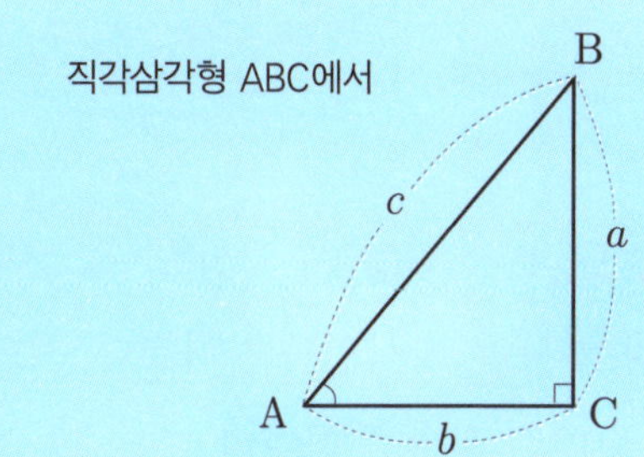

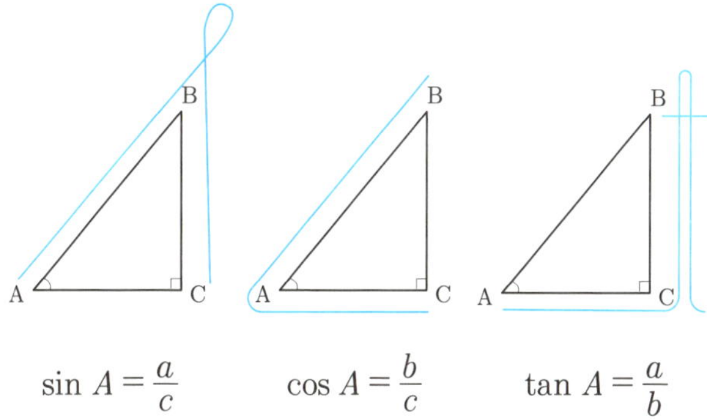

$$\sin A = \frac{a}{c} \qquad \cos A = \frac{b}{c} \qquad \tan A = \frac{a}{b}$$

A 삼각비	0°	30°	45°	60°	90°
sin A	0	$\dfrac{1}{2}$	$\dfrac{\sqrt{2}}{2}$	$\dfrac{\sqrt{3}}{2}$	1
cos A	1	$\dfrac{\sqrt{3}}{2}$	$\dfrac{\sqrt{2}}{2}$	$\dfrac{1}{2}$	0
tan A	0	$\dfrac{\sqrt{3}}{3}$	1	$\sqrt{3}$	구할 수 없다

삼각함수에서 많이 사용되는 특수각

삼각함수는 그래프를 통해 그 성질을 쉽게 이해할 수 있다. 사인 함수 $y=\sin x$와 코사인 함수 $y=\cos x$는 물결의 파동처럼 반복되는 형태이다. 이들은 주기 함수이며, 최댓값은 1, 최솟값은 -1이다.

탄젠트 함수 $y=\tan x$는 특정 각도 $\frac{\pi}{2}+n\pi$에서 구할 수 없으며, 그래프에 점근선이 생긴다. 이로 인해 그래프 모양이 사인, 코사인과는 다르다. 사인과 코사인의 주기는 2π, 탄젠트의 주기는 π이다. 이러한 성질로 인하여 반복되는 현상을 수학적으로 나타낼 수 있다.

코사인 함수는 사인 함수의 그래프를 수평으로 $\frac{\pi}{2}$만큼 이동한 것과 같다. 즉, $\cos x = \sin\left(x+\frac{\pi}{2}\right)$이다.

한편 탄젠트 함수는 사인과 코사인의 비율로 나타내며, $\tan x = \dfrac{\sin x}{\cos x}$이다.

기본적인 삼각함수 외에도 이들의 역수 관계에 있는 함수들이 존재한다.

첫번째로 코시컨트($\csc x$)는 $\dfrac{1}{\sin x}$이다. 두 번째로 시컨트($\sec x$)는 $\dfrac{1}{\cos x}$이다. 세 번째로 코탄젠트($\cot x$)는 $\dfrac{1}{\tan x}$이다.

코시컨트($\csc x$), 시컨트($\sec x$), 코탄젠트($\cot x$) 함수는 미적분에서 자주 등장하며, 이들이 각각 사인, 코사인, 탄젠트 함수의 역수 관계라는 점을 기억해두면 문제 해결에 큰 도움이 된다.

사인 함수의 그래프

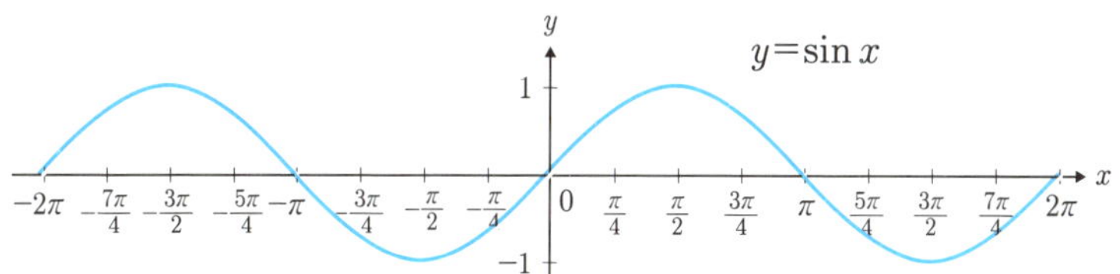

코사인 함수의 그래프

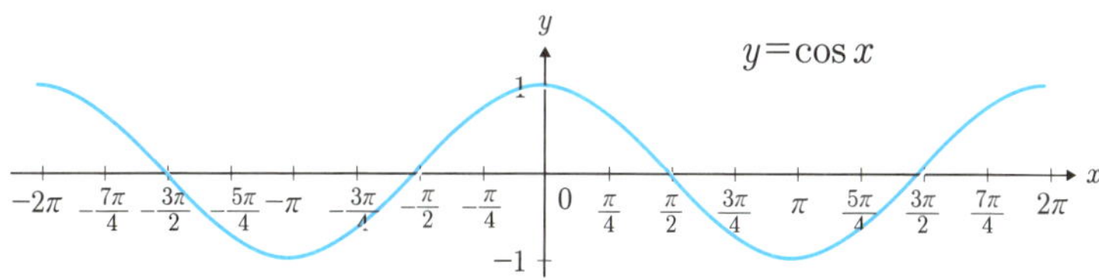

탄젠트 함수의 그래프

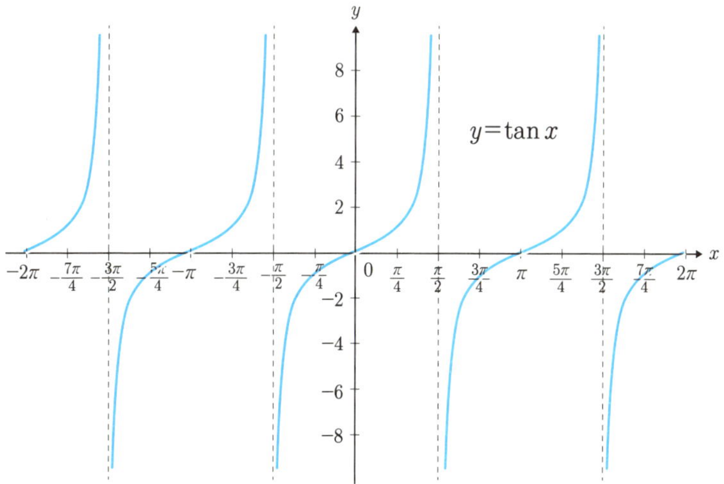

호도법

$$\pi(\text{라디안}) = 180°$$

일상생활에서는 $30°$, $45°$, $215°$처럼 숫자와 각도의 단위를 사용하는 육십분법을 쓴다.

그런데 각도를 π를 기준으로 나타내는 호도법(라디안)이 있다. 호도법에서는 π 라디안이 $180°$에 해당한다. 왜 그런지 살펴보자.

먼저, 부채꼴에서 반지름의 길이와 호의 길이가 같아지는 경우를 생각해 보자.

이때의 중심각을 1라디안으로 정한다. 1라디안은 약 $57°$이다.

그러므로 2라디안은 그 두 배인 약 $114°$, 3라디안은 약 $171°$로 반원($180°$)보다 조금 작다.

반원의 중심각은 약 3.14라디안, 즉 π라디안이 된다.

따라서 $\pi(\text{라디안}) = 180°$가 성립한다.

라디안은 원의 반지름과 호의 길이를 직접적으로 연결해 주기 때문에, 삼각함수나 미적분에서 훨씬 자연스럽고 간단한 계산을 가능하게 한다.

이제 육십분법의 각도를 라디안으로 바꾸려면, 각도를 $180°$로 나눈 뒤 π를 곱하면 된다.

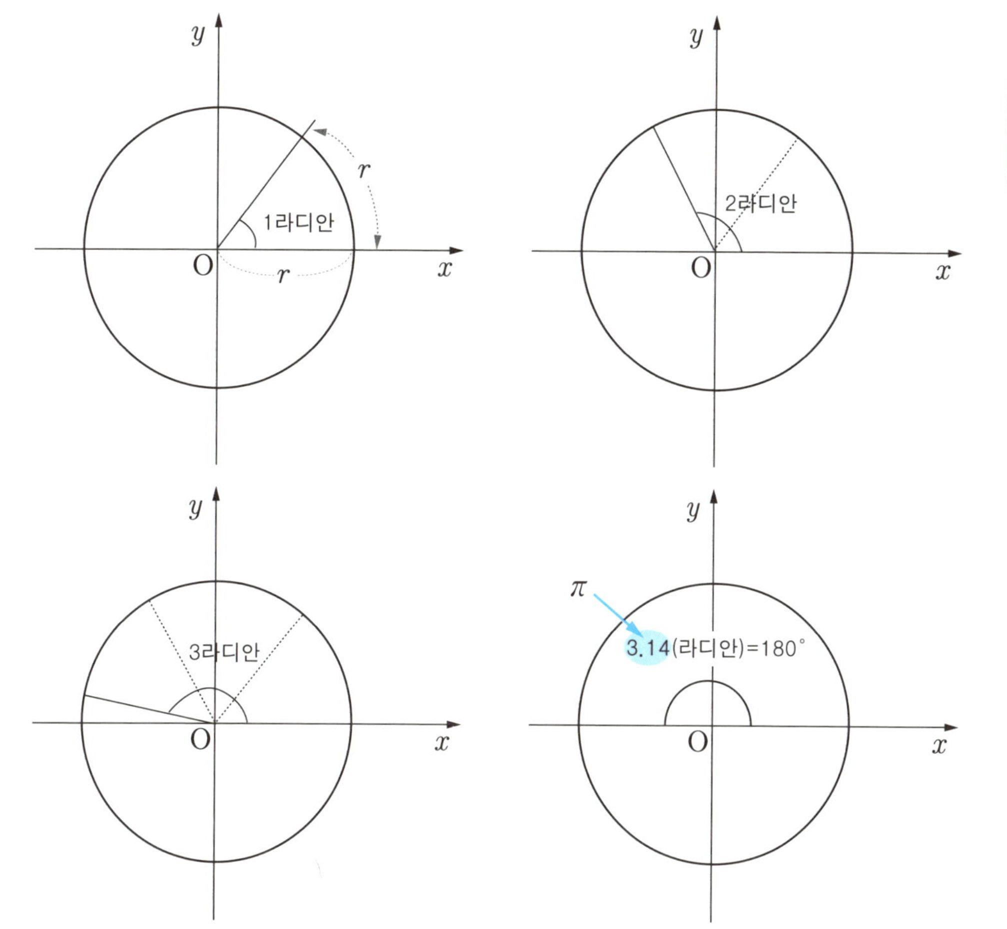

라디안에서 3.14는 반원의 각도인 $180°$와 같으므로, π(라디안)$=180°$이다.

육십분법의 각도를 라디안으로 나타낸 표

육십분법 각도	$0°$	$30°$	$45°$	$60°$	$90°$	$120°$	$150°$	$180°$	$360°$
호도법	0	$\dfrac{\pi}{6}$	$\dfrac{\pi}{4}$	$\dfrac{\pi}{3}$	$\dfrac{\pi}{2}$	$\dfrac{2\pi}{3}$	$\dfrac{5\pi}{6}$	π	2π

기울기란 무엇인가?

기울기＝두 점 사이 평균변화율을 점점 좁혀 한 점에서의 순간변화율(접선 기울기)을 찾는 미분의 기본 개념

이차함수의 그래프에서 자유롭게 점 A와 B를 정하면, 두 점 사이의 중간쯤에 있는 점 P는 고무줄처럼 자연스럽게 걸쳐 있는 모습이다.

이제 점 A와 B가 잇는 직선을 그려보면, 그 직선의 기울기는 A와 B 사이의 평균적인 변화율을 보여주게 된다. 그런데 A와 B가 점점 P에 가까워지도록 움직인다고 생각해보자. A는 오른쪽으로, B는 왼쪽으로 점점 P에 다가오면, A와 B를 잇는 직선도 점점 P를 중심으로 한 접선처럼 보이게 된다.

마침내 A와 B가 P에 아주 가까워지면, 그 직선은 P에서의 접선이 되고, 그때의 기울기가 바로 P에서의 접선의 기울기인 것이다. 이게 바로 미분의 기본 아이디어이다.

두 점 사이의 기울기를 점점 좁혀서 한 점에서의 순간기울기를 찾는 것이다.

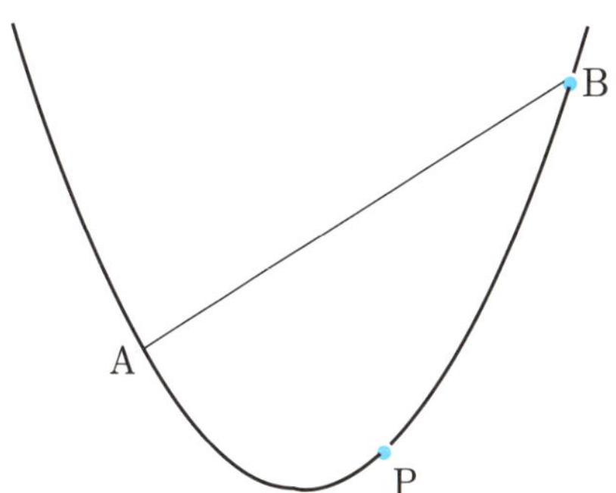

점 A와 B 사이의 중간 지점 P는 두 끝점 사이를 자연스럽게 잇는 곡선 위의 점이다.

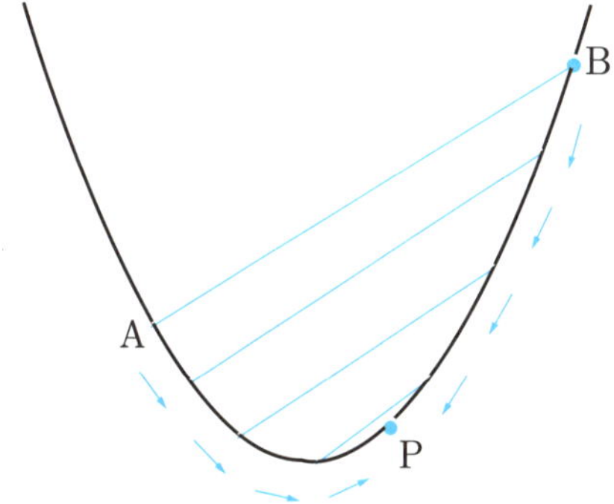

점 A와 B가 점 P로 점점 가까이 접근하면, 두 점을 잇는 직선의 기울기는 점 P에서의 순간기울기가 된다.

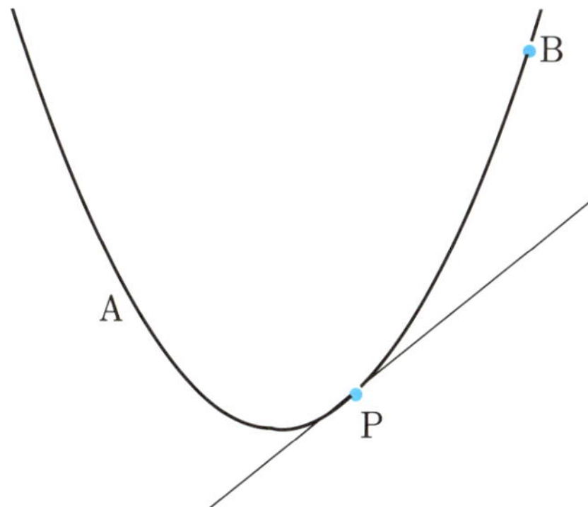

A와 B가 P로 극한적으로 가까워질 때, 그들을 잇는 직선은 P에서의 접선이 되며 점 P에서의 순간기울기이다.

델타(Δ)라는 변화

미분을 처음 배울 때 가장 먼저 접하게 되는 기호 중 하나가 델타(Δ)이다. 처음에는 다소 생소하게 느껴질 수 있지만, 미분에서는 자주 등장하며 중요한 역할을 한다. 델타는 마치 계단처럼 변화의 단계를 나타내는 기호로, 수학에서는 x 나 y 와 같은 변수의 변화량을 뜻한다.

함수 $y=f(x)$ 에서 Δx 와 Δy 를 이용해 두 값의 변화를 비교하는 비율인 $\dfrac{\Delta y}{\Delta x}$ 는 평균 변화율을 의미하며, 이는 두 점을 잇는 직선의 기울기와 같다.

미분의 본질은 바로 이 비율에서 Δx 의 간격을 무한히 작게 만드는 극한 과정을 적용하는 것이다.

즉, $\lim\limits_{\Delta x \to 0} \dfrac{\Delta y}{\Delta x}$ 를 통해 변화의 크기(Δ)를 측정하는 단계를 넘어, 그 변화가 순간적으로 얼마나 빠르게 일어나는지를 측정하게 되며, 이 극한값이 바로 특정 지점에서의 순간변화율(미분계수), 즉 접선의 기울기를 나타낸다. 따라서 델타(Δ)는 미분이라는 정교한 변화 측정 도구의 출발점이다.

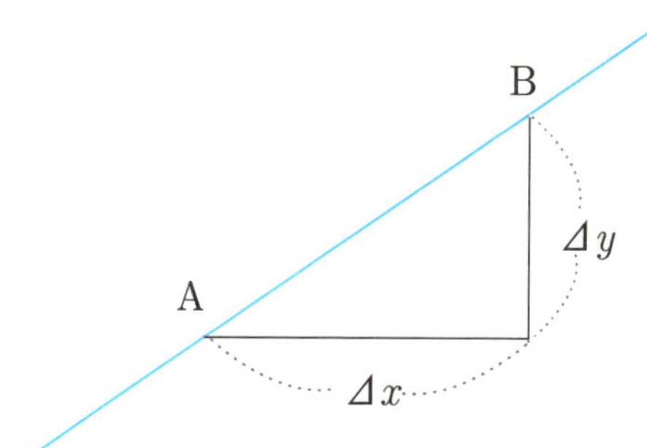

$$\frac{\Delta y}{\Delta x} = 기울기 = 평균변화율$$

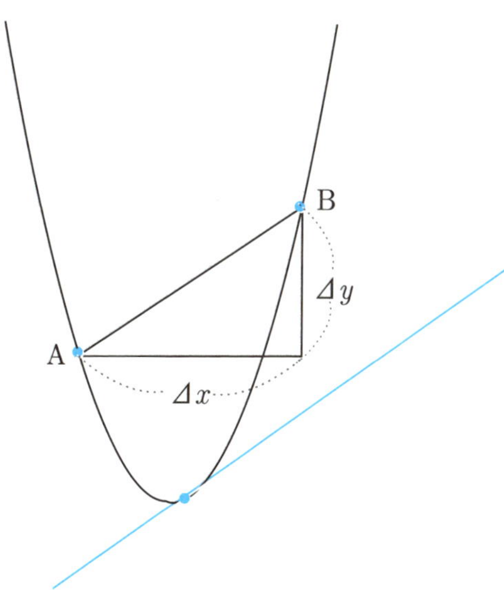

$$\lim_{\Delta x \to 0} \frac{\Delta y}{\Delta x} = 기울기 = 순간변화율$$

극한(lim)은 점점 가까워지는 값

$$\lim_{x \to a} f(x) = L$$

수학에서 사용되는 '극한'이라는 개념은 일상에서도 자주 접할 수 있는 표현이다. 단순히 수학적인 의미를 넘어서, 극한은 우리가 더 이상 참기 어려운 한계점에 도달했을 때를 묘사하는 데에도 쓰인다.

예를 들어 감정적으로나 육체적으로 매우 힘든 상황을 겪을 때 사람들은 흔히 '극한의 상황이었다'로 표현하며, 이는 그만큼 견디기 어려운 고통이나 압박을 의미한다.

하지만 극한은 단지 감정적인 표현에만 국한되지 않는다. 미적분학에서도 극한은 매우 중요한 개념을 차지한다.

예를 들어 수학에서 자주 등장하는 표현인 $\lim\limits_{x \to a} f(x) = L$은 x의 값이 a에 점점 가까워질 때 함수 $f(x)$의 값이 L에 근접함을 의미한다. 이는 함수의 연속성이나 미분 가능성을 판단하는 데 핵심적인 역할을 하며, 미적분의 기초를 이루는 개념 중 하나다. 여기서 '리미트(limit)'는 영어 단어로, 사전적인 의미로도 극한이나 한계를 뜻한다. 따라서 수학에서의 '극한'은 단순히 숫자나 함수의 움직임을 설명하는 것이 아니라, 어떤 값에 얼마나 가까워질 수 있는지를 정량적으로 표현하는 도구이기도 하다.

또한 이 때 함수값이 특정 값에 한없이 가까워지는 성질을 '수렴'이라고 한다.

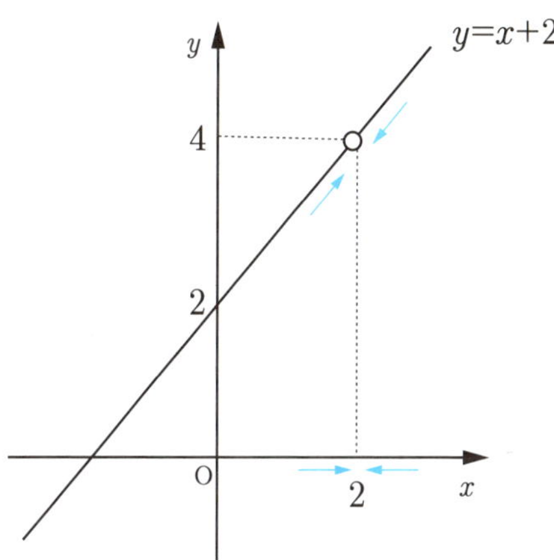

함수 $y=x+2$에서 x가 2에 가까워질수록 y는 4에 가까워지므로 극한값은 4이며 수렴하는 것을 보여주는 그래프

$$\lim_{x \to 2}(x+2) = 4$$

그러면 수렴에 관한 예를 보겠다. 소금물의 농도를 처음에 3%로 할 때, 이 소금물을 계속 묽게 만드는 실험을 한다고 상상해 보자. 농도를 나타내는 함수는 $f(x) = 3 \cdot \left(\dfrac{1}{2}\right)^x$ 로 지수함수이다. 여기서 x는 소금물의 양을 두 배로 늘려 농도를 반으로 줄인 횟수이다. 예를 들어 x가 1이면 농도는 1.5%, x가 2이면 0.75%이다.

이 과정을 계속 반복하면 $\left(\dfrac{1}{2}\right)^x$는 점점 더 작아져서 0에 가까워지고, 그에 따라 $f(x)$도 0에 가까워진다. 수식으로는 다음과 같다

$$f(x) = 3 \cdot \left(\frac{1}{2}\right)^x = 0$$

즉, 반복을 무한히 계속하면 농도는 마침내 0에 가까워진다. 현실에서는 무한히 희석은 불가능하다. 그러나 극한은 그런 끝없는 반복의 결과를 보여주는 수학적 개념이다.

한편 함수가 x가 커질수록 값이 무한히 커지면 양의 발산, 값이 무한히 작아지면 음의 발산이라고 한다.

예를 들어 $f(x) = e^x$는 $\lim\limits_{x \to \infty} e^x = \infty$ 이므로 양의 발산이고, $g(x) = -\ln x$ 는 $\lim\limits_{x \to \infty} g(x) = -\infty$ 이므로 음의 발산한다.

즉, 발산은 함수값이 어떤 유한한 수에 가까워지는 것이 아니라, 무한대로 멀어지는 극한을 의미하며, 수렴과 반대되는 개념이다.

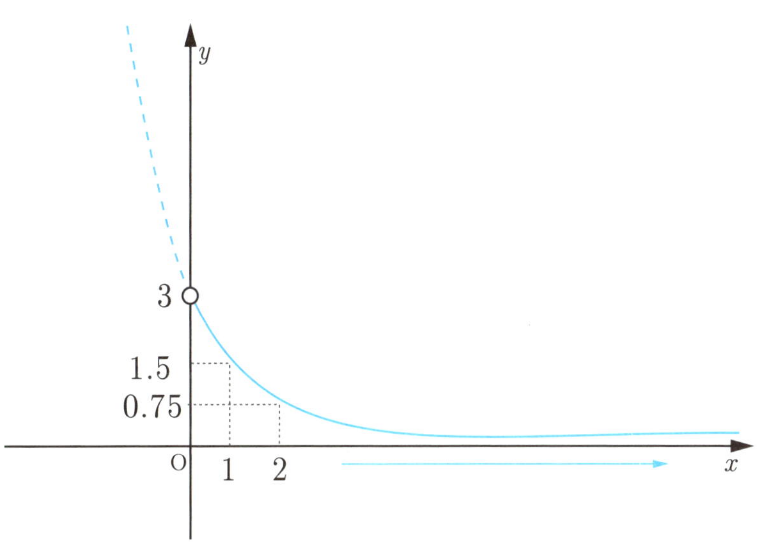

$x \to \infty$이면 $\displaystyle\lim_{x \to \infty} 3 \cdot \left(\dfrac{1}{2}\right)^x = 0$인 것을 보여주는 그래프

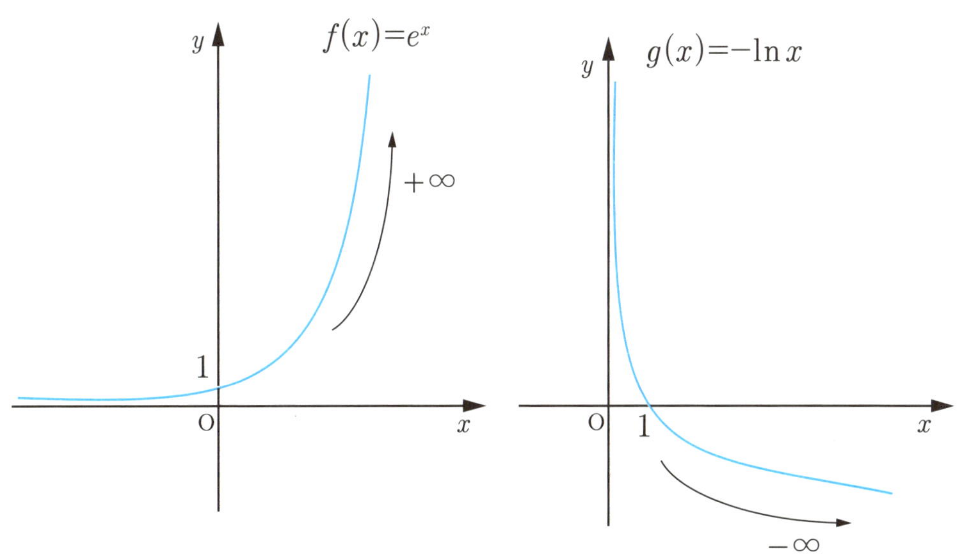

지수함수 $f(x) = e^x$의 양의 발산 $+\infty$ 자연로그함수 $g(x) = -\ln x$의 음의 발산 $-\infty$

좌극한과 우극한

함수의 극한은 어떤 점에 바싹 다가갈 때 값이 어디로 향하는지를 살피는 흥미로운 개념이다. 이때 접근 방향에 따라 값이 달라질 수 있으며 왼쪽에서의 값은 좌극한, 오른쪽에서의 값은 우극한으로 부른다.

예를 들어 $y = \dfrac{1}{x}$은 0에 가까워질 때 좌우에서 각각 $-\infty$, $+\infty$로 향하므로 전체 극한이 존재하지 않는다. 반대로 두 극한이 같으면 그 값이 전체 극한이 된다.

이 극한은 연속성과도 밀접한데, 어떤 점에서 함수가 연속이려면 좌극한과 우극한이 존재하고 서로 같으며 그 값이 함수값과도 일치해야 한다.

결국 극한이 잘 정의될수록 그래프가 '자연스럽게 이어지는' 모습이 되고, 이러한 성질은 그 지점에서 미분 가능성을 높여 준다. 이는 미분이 본질적으로 극한을 이용해 순간 변화율을 정의하기 때문이다.

하지만 연속이라고 해서 반드시 미분 가능한 것은 아니다. 예를 들어 $y = |x|$는 0에서 좌우극한이 같아 연속이지만 그래프가 날카롭게 꺾여 있어 미분할 수 없다.

반면 $y = x^2$은 모든 점에서 극한, 연속, 미분이 모두 성립하는 부드러운 함수로, 연속성과 미분 가능성의 관계를 잘 보여주는 대표적인 예이다.

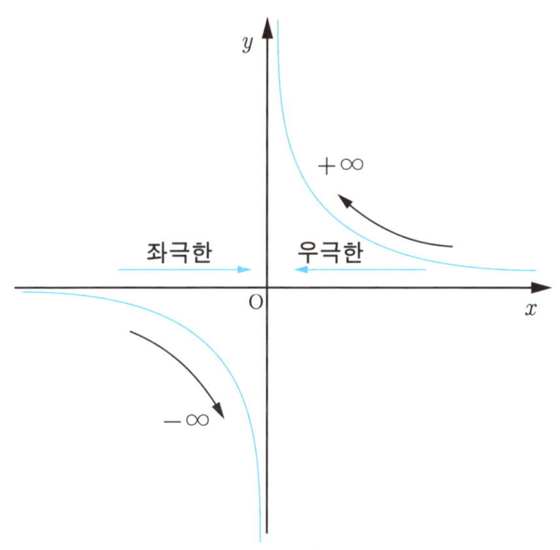

함수 $y = \dfrac{1}{x}$ 는 좌극한이 $-\infty$, 우극한이 $+\infty$로 같지 않으므로 연속하지 않는다

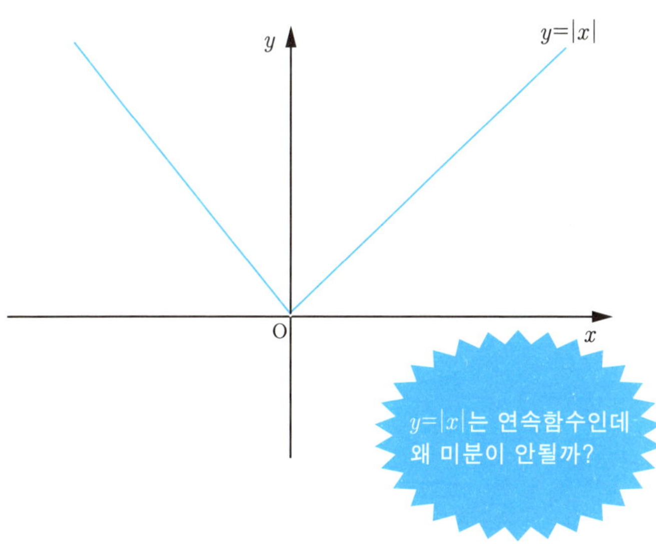

함수 $y=|x|$는 $x=0$에서 연속이지만 미분은 불가능하다.

이유를 비유하자면, 그래프가 0에서 마치 '급정거'라도 한 듯이 뚝 꺾이기 때문이다. 미분계수는 $\lim\limits_{h \to 0} \dfrac{f(0+h)-f(0)}{h}$ 으로 나타내며, 좌우에서 다가오는 변화율이 똑같아야 존재한다. 하지만 $y=|x|$는 0에서 좌미분계수가 -1, 우미분계수가 1로 서로 정반대이기 때문에, 이 지점은 미분이라는 시험을 통과하지 못한다.

반면 $y=x^2$은 어디를 가든 부드럽게 이어지는 곡선이라, 마치 노면이 잘 정비된 도로처럼 기울기가 자연스럽게 변한다. $x=a$에서의 미분계수를 구하면 항상 $2a$가 나오며 좌우 접근값도 정확히 일치한다. 그래서 이 함수는 모든 점에서 미분 가능하다는 인증을 받는다.

결론적으로 함수가 어떤 점에서 미분 가능하려면 좌·우 미분계수가 서로 일치해야 하고, 그래프가 날카로운 꺾임 없이 매끄럽게 이어져야 한다.

이러한 기준으로 우리는 함수가 어느 구간에서 자연스럽게 흐르고, 어느 지점에서 갑작스럽게 변화하는지를 더욱 분명하게 파악할 수 있다. 나아가 이는 단순히 계산의 문제를 넘어, 함수의 성질을 직관적으로 이해하고 그래프의 형태와 연결 지어 해석할 수 있게 해준다. 따라서 미분의 가능성은 함수의 연속성과 더불어, 곡선의 부드러움과 기울기의 일관성을 확인하는 중요한 잣대가 된다.

미분계수

$$f'(0)=\lim_{h\to 0}\frac{f(0+h)-f(0)}{h}$$

좌미분계수 계산 $\lim_{h\to 0-}\frac{|0+h|-|0|}{h}=\lim_{h\to 0-}\frac{|h|}{h}=-1$

우미분계수 계산 $\lim_{h\to 0+}\frac{|0+h|-|0|}{h}=\lim_{h\to 0+}\frac{|h|}{h}=1$

$y=|x|$는 좌미분 계수와 우미분계수가 다르기 때문에 미분이 불가능하다.

함수의 연속성

(1) 함숫값 $f(a)$가 존재한다

(2) 좌극한과 우극한의 값이 같다

$$\lim_{x\to a-}f(x)=\lim_{x\to a+}f(x)=L$$

(3) 함숫값이 곧 극한값이다

$$f(a)=L$$

\+

좌미분계수와 우미분계수가 같다

$$\lim_{h\to 0-}\frac{f(a+h)-f(a)}{h}=\lim_{h\to 0+}\frac{f(a+h)-f(a)}{h}$$

=미분이 가능

미분의 가능성

극한의 계산

극한은 그래프를 그려서 답을 찾을 수도 있지만, $\lim\limits_{x \to 0}\dfrac{1}{x}$ 처럼 그래프로 쉽게 알 수 있는 문제 외에도 직접 계산해야 하는 복잡한 문제들이 많다.

예를 들어 $\lim\limits_{x \to \infty}\dfrac{3x^2 - x + 8}{2x^2 + 5x + 2}$ 와 같이 x가 한없이 커질 때 (무한대로 갈 때) 분수 모양의 식이 어디로 가까워지는지를 묻는 문제가 있다. 여기서 x에 무한대를 넣어보면 무한대 분의 무한대 $\dfrac{\infty}{\infty}$ 모양이 되는데, 신기하게도 답이 $\dfrac{3}{2}$ 같은 유리수로 바로 나오기도 한다. $\dfrac{\infty}{\infty}$ 모양을 부정형이라 한다.

그 비결은 바로 분모와 분자에서 가장 높은 차수의 항을 보는 것이다. 이 문제처럼 분모의 최고차수와 분자의 최고차수가 같을 때는 그 최고차수 항들($3x^2, 2x^2$)의 계수인 3과 2만 비교해서 $\dfrac{3}{2}$ 이라는 답을 얻을 수 있다.

한편 $y = \sqrt{x-1} - \sqrt{x+1}$ 은 처음에는 $\infty - \infty$ 형태라 무한대로 발산할 것처럼 보이지만, 분모를 유리화하여 계산하면 실제 극한값은 0이다.

여러분이 궁금해할 수 있는 "극한의 계산이 미적분과 무슨 관계가 있을까?"에 대한 답은 놀랍게도 극한이 미적분을 만들어내는 아주 중요한 기본 재료라는 점이다. 극한이 없으면 미분이나 적분의 공식과 증명이 제대로 서지 못한다. 마치 기계의 가장 중요한 부품처럼 극한이 있어야 미적분이 완성되는 것이다.

$$\lim_{x \to \infty} \frac{3x^2 - x + 8}{2x^2 + 5x + 2} = \frac{3}{2}$$

분모 분자의 최고차항이 2차일 때 빠른 방법으로 극한을 구한 예제

$$\lim_{x \to \infty} \sqrt{x-1} - \sqrt{x+1}$$

$$= \lim_{x \to \infty} \frac{\left(\sqrt{x-1} - \sqrt{x+1}\right)\left(\sqrt{x-1} + \sqrt{x+1}\right)}{\sqrt{x-1} + \sqrt{x+1}}$$

분모와 분자에 각각
$\sqrt{x-1} + \sqrt{x+1}$ 을 곱하면

$$= \lim_{x \to \infty} \frac{(x-1) - (x+1)}{\sqrt{x-1} + \sqrt{x+1}}$$

분모와 분자에 각각
$\sqrt{x}$ 을 나누면

$$= \lim_{x \to \infty} \frac{-\dfrac{2}{\sqrt{x}}}{\sqrt{1 - \dfrac{1}{x}} + \sqrt{1 + \dfrac{1}{x}}}$$

$$= 0$$

$\infty - \infty$ 형태로 되는 극한의 계산 과정

$\lim\limits_{x \to \infty} \dfrac{3x^2 - x + 8}{2x^2 + 5x + 2}$에 대해 풀이를 빠르게 할 수 있는 방법을 방금 알게 되었지만, 원칙적인 풀이법을 이해하는 것도 중요하다. 풀이법의 포인트는 분모와 분자의 다항식에서 차수가 가장 높은 항으로 모두 나누는 것이다. 이 문제에서는 최고차수인 x^2으로 분모와 분자를 모두 나누면 식이 다음과 같이 바뀐다.

$$\lim_{x \to \infty} \frac{\dfrac{3x^2}{x^2} - \dfrac{x}{x^2} + \dfrac{8}{x^2}}{\dfrac{2x^2}{x^2} + \dfrac{5x}{x^2} + \dfrac{2}{x^2}} = \lim_{x \to \infty} \frac{3 - \dfrac{1}{x} + \dfrac{8}{x^2}}{2 + \dfrac{5}{x} + \dfrac{2}{x^2}}$$

여기서 x가 한없이 커지면 $\dfrac{1}{x}$이나 $\dfrac{8}{x^2}$ 같은 항들은 모두 0에 가까워진다. $\dfrac{1}{(\ \text{매우큰수}\ )}$은 0에 가까워지기 때문이다. 따라서 남는 것은 계수들뿐이어서, 답은 $\dfrac{3 - 0 + 0}{2 + 0 + 0} = \dfrac{3}{2}$이다.

$$\lim_{x \to \infty} \frac{3x^2 - x + 8}{2x^2 + 5x + 2}$$

분자와 분모를 각각 x^2으로 나눈다

$$= \lim_{x \to \infty} \frac{3 - \dfrac{1}{x} + \dfrac{8}{x^2}}{2 + \dfrac{5}{x} + \dfrac{2}{x^2}}$$

$x \to \infty$이므로 ☐ 안의 수들은 0에 수렴한다

$$= \frac{3}{2}$$

$<\ \dfrac{\infty}{\infty}$ 형태 극한의 원칙적인 풀이 과정$>$

삼각함수의 극한 (1)

$$\lim_{x \to 0} \frac{\sin x}{x} = 1$$

삼각함수에서 가장 기본적인 극한 공식은 $\lim\limits_{x \to 0} \dfrac{\sin x}{x} = 1$이다. 처음 보면 분자와 분모가 모두 0이 되어 값이 없는 것처럼 보이지만, 단위원 위에서 얻은 부등식을 이용해 이를 증명할 수 있다.

즉, 단위원에서 각 x에 $\sin x < x < \tan x$ 대해 라는 부등식이 성립하며, 이 부등식을 각각 역수로 바꾸고 각 항에 $\sin x$를 곱하면 $\cos x < \dfrac{\sin x}{x} < 1$이라는 새로운 부등식이 도출된다.

이제 x가 0에 가까워질 때 $\cos x$가 1에 점점 가까워진다는 점을 이용하여 샌드위치 정리라는 수학 원리로 $\dfrac{\sin x}{x}$가 1에 수렴한다는 사실을 확실하게 알 수 있다. 이러한 과정은 함수가 0 근처에서 어떻게 변하는지를 정확히 파악하는 데 매우 중요한 기본 바탕이 되며, 나아가 여러 미적분 문제의 중요한 원리이다. 이처럼 부등식과 극한을 이용하는 방식은 직관적이면서도 빈틈없는 증명을 가능하게 한다.

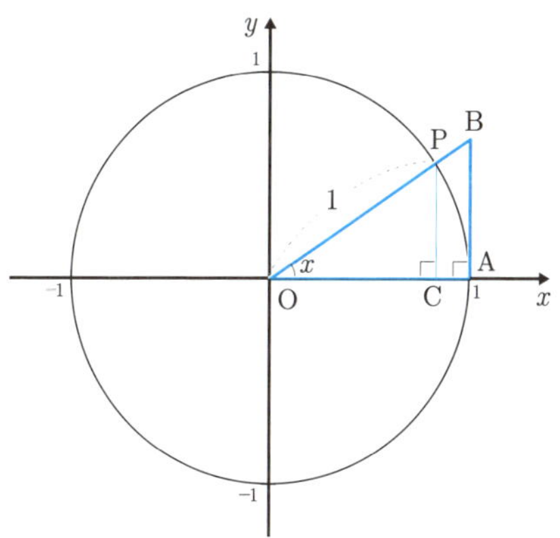

$$\Delta \text{POA의 넓이} < \nabla \text{POA의 넓이} < \Delta \text{BOA의 넓이}$$

$\overline{\text{OC}} = \cos x,\ \overline{\text{PC}} = \sin x,$
$\overline{\text{AB}} = \tan x$ 이므로

$$\frac{1}{2} \times 1 \times \sin x < \frac{1}{2} \times 1^2 \times x < \frac{1}{2} \times 1 \times \tan x$$

각 항에 2를 곱하면

$$\sin x < x < \tan x$$

반지름이 1인 단위원을 이용한 $\sin x < x < \tan x$ 증명과정

$$\sin x < x < \tan x = \frac{\sin x}{\cos x}$$

x를 역수 $\dfrac{1}{x}$ 로 바꾸면

$$\frac{\cos x}{\sin x} < \frac{1}{x} < \frac{1}{\sin x}$$

각 항에 $\sin x$를 곱한다

$$\cos x < \frac{\sin x}{x} < 1$$

각 항에 극한$(\lim)$을 붙인다

$$\lim_{x \to 0} \cos x \leq \lim_{x \to 0} \frac{\sin x}{x} \leq \lim_{x \to 0} 1$$

따라서 $\displaystyle\lim_{x \to 0} \frac{\sin x}{x} = 1$

$\displaystyle\lim_{x \to 0} \frac{\sin x}{x} = 1$을 증명하는 과정

삼각함수의 극한 (2)

$$\lim_{x \to 0} \frac{\tan x}{x} = 1$$

앞 단원에서 익혔던 샌드위치 정리를 다시 떠올려 보자. 극한을 다루는 데 있어 이 정리는 단순하지만 원리를 밝혀주는 장치로서, 여러 함수가 특정 구간에서 서로를 끼워주는 관계를 통해 극한값을 자연스럽게 드러내 준다.

이번에도 핵심은 크게 다르지 않다. 우리가 주목해야 할 것은 바로 $\sin x$, x, $\tan x$ 사이의 관계다. 이 세 함수는 0 근처에서 서로 아주 가까이 움직이며, 마치 나란히 달리는 세 줄의 곡선처럼 일정한 질서를 유지한다.

그 질서는 바로 $\sin x < x < \tan x$ 라는 부등식이다. 이 단순한 관계가 극한 문제를 푸는 열쇠가 된다.

조금 더 자세히 들여다보면, 이 부등식은 단순히 세 함수가 비슷하게 움직인다는 사실을 넘어, 극한을 계산할 때 강력한 단서를 제공한다. $\sin x$는 항상 x보다 작고, x는 다시 $\tan x$보다 작다. 따라서 세 함수는 0 근처에서 서로를 끼워주며, 극한값을 찾는 과정에서 자연스럽게 하나의 범위를 형성한다. 이 범위를 적절히 변형하면 우리가 원하는 극한 문제를 해결할 수 있다.

여기서 중요한 발상은 각 항을 역수로 바꾸는 것이다. 역수를 놓으면 부등식의 방향이 바뀌지만, 여전히 세 함수의 관계는 유지된다. 그리고 여기에 $\tan x$를 곱해 정리를 완성하면, 우리가 찾고자 하는 극한의 형태가 드러난다. 이렇게 단순한 부등식을 조금만 변형해도, 극한 문제의 구조가 눈앞에 선명하게 나타난다.

마지막 단계는 극한을 붙이는 것이다. 샌드위치 정리의 힘은 바로 여기에 있다. 세 함수가 서로를 끼워주며 같은 값으로 수렴한다는 사실을 이용하면, 극한값이 자연스럽게 결정된다. 결론적으로 이 과정은 $\dfrac{\tan x}{x}$ 의 극한이 1로 수렴함을 보여준다.

$$\sin x < x < \tan x$$

x를 역수 $\dfrac{1}{x}$로 바꾸면

$$\frac{1}{\tan x} < \frac{1}{x} < \frac{1}{\sin x}$$

각 항에 $\tan x$를 곱한다

$$1 < \frac{\tan x}{x} < \frac{1}{\cos x}$$

각 항에 극한($\lim$)을 붙인다

$$\lim_{x \to 0} 1 \leq \lim_{x \to 0} \frac{\tan x}{x} \leq \lim_{x \to 0} \frac{1}{\cos x}$$

따라서 $\displaystyle\lim_{x \to 0} \frac{\tan x}{x} = 1$

$\displaystyle\lim_{x \to 0} \frac{\tan x}{x} = 1$을 증명하는 과정

자연상수 e

$$e \approx 2.718 = \lim_{x \to \infty}\left(1 + \frac{1}{x}\right)^x$$

오일러가 발견한 상수 e는 약 2.718이라는 특별한 수인데, 이 수가 어떻게 나오는지 복리 계산을 통해 이해할 수 있다. 현실에서는 연 2.5% 같은 금리를 쓰지만, 수학적으로 e를 정의하기 위해서는 가상의 100% 금리를 적용해 보는 것이 가장 직관적이다.

예를 들어 100만 원을 은행에 맡기고 금리를 100%로 준다고 상상해 보자. 단리라면 1년 뒤에 단순히 원금만큼 이자가 붙어 200만 원이 되지만, 복리라면 계산 횟수에 따라 금액이 달라진다.

1년에 두 번 이자를 계산하면 약 225만 원이 되고, 세 번 계산하면 약 237만 원이 되며, 열 번 계산할 때는 약 259만 원이 된다. 계산 횟수가 50번으로 늘어나면 약 264만 원, 100번일 때는 약 268만 원, 1000번이 되면 약 271만 원, 그리고 10000번 계산할 때는 약 271.8만 원에 도달한다.

이렇게 이자 계산 횟수가 증가함에 따라 금액도 계속 증가하며, 10만 번, 100만 번까지 계산 횟수를 늘리면 값은 점점 2.718에 가까워지면서 더 이상 크게 변하지 않고 그 값에 수렴하게 된다.

그리고 100만 원을 복리로 무한히 자주 계산할 때 마침내 모이는 값이 바로 100만 원 곱하기 자연상수 e가 되는 것이다.

이 과정에서 중요한 점은 계산 횟수를 아무리 늘려도 금액이 무한히 커지지는 않고 일정한 값에 다다른다는 것이다.

복리 계산 횟수	원금에 곱해지는 배율
1	2
2	2.25
3	2.37
10	2.59
100	2.68
1000	2.71
10000	2.718
⋮	2.718

복리 계산 횟수가 많아질수록 원금에 곱해지는 배율을 나타내는 도표에서, 배율은 점점 2.718 에 가까워지며 더 이상 크게 증가하지 않는다.

바로 그 극한값을 표현하는 수가 e이고, 그래서 $e = \lim\limits_{x \to \infty}\left(1 + \dfrac{1}{x}\right)^{x}$라는 정의가 만들어진 것이다.

실제 금융에서는 불가능한 가상의 100% 금리를 설정했지만, 수학적으로는 이 극한을 통해 e가 도출되고, 이후 미적분학에서 $y = e^{x}$라는 함수가 미분해도 자기 자신이 되는 놀라운 성질을 가진다는 점이 밝혀졌다. 또한 e는 확률, 통계, 물리학 등 다양한 분야에서 자연스러운 법칙을 설명하는 데 등장하며, 우리 주변의 성장과 변화 과정을 이해하는 사고의 언어가 된다.

쉽게 말하면 e는 '이자를 무한히 자주 붙이는 상상의 은행'에서 나타나는 마법 같은 숫자이고, 실제 돈 이야기를 넘어 수학과 과학 전반에서 없어서는 안 되는 기본 상수로 자리 잡은 것이다.

$$\lim_{x \to \infty}\left(1+\frac{1}{x}\right)^{x} \approx 2.718 = e$$

1을 조금 초과하는 숫자를 무한히 여러 번 곱하면 그 결과는 약 2.718에 가까워진다

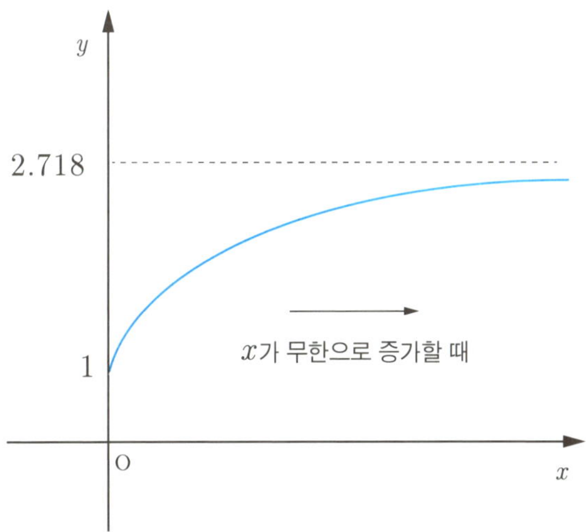

$y = \left(1+\dfrac{1}{x}\right)^{x}$ 의 그래프. 함수의 그래프는 x가 무한하게 증가해도 2.718에 수렴한다.

미분기호

$$y' = f'(x) = \frac{dy}{dx}$$

아무래도 미분을 접할 때 단번에 눈에 띄지는 않는 여러 등장하는 미적분의 기호하면 y' 즉 $f'(x)$, $\frac{dy}{dx}$ 가 아닌가 싶다. 분명 이 셋은 같은 기호인데, 책마다 기호가 제각각이라 헷갈리기 쉬운 부분이다.

가장 먼저 y 위의 붙는 프라임(prime $'$)은 y를 미분했다는 기호이다. y는 $f(x)$이므로 y'은 곧 $f'(x)$라는 것은 쉽게 이해가 될 것이다.

그런데 갑자기 등장한 이 낯선 기호 $\frac{dy}{dx}=?$. 처음 보면 마치 암호처럼 느껴질 수도 있다. 하지만 이 기호는 수학에서 아주 중요한 의미를 담고 있다. $\frac{dy}{dx}$ 는 간단히 말해, x의 변화에 따른 y의 변화율을 나타낸다. 즉, x가 아주 조금 변할 때 y가 얼마나 변하는지를 정량적으로 표현한 것이다. 그래서 이 기호는 함수 y를 x에 대해 미분한 결과, 다시 말해 도함수를 나타내는 기호와 같다.

미분의 핵심 목적은 바로 이 변화율을 파악하는 데 있다. 함수의 그래프를 떠올려보면, 어떤 점에서의 접선의 기울기를 구하는 것이 바로 미분이다.

접선의 기울기란, 그 순간의 변화 속도를 의미한다. 예를 들어 자동차가 달리는 속도를 생각해보자. 특정 시점에서의 순간 속도는 바로 그 시점에서의 위치 변화율, 즉 미분값으로 표현된다. $\frac{dy}{dx}$ 는 그런 의미에서 단순한 기호가 아니라, 변화의 민감함을 수치로 표현하는 도구인 셈이다.

이처럼 미분은 단순한 계산을 넘어서, 세상의 움직임과 변화를 수학적으로 해석하는 창이 되어준다. 그리고 그 중심에는 언제나 이 낯선 듯 친숙한 기호, $\frac{dy}{dx}$ 가 자리하고 있다.

$$y' = f'(x) = \frac{dy}{dx}$$

도함수의 기호 표기

$$y = 2x^2 - 7x + 1 \text{ 이면} \begin{cases} y' = 4x - 7 \\[2mm] f'(x) = 4x - 7 \\[2mm] \dfrac{dy}{dx} = 4x - 7 \end{cases}$$

$$y = 2x^2 - 7x + 1 \text{ 의 도함수를 함수와 함께 표기한다면} \begin{cases} \dfrac{d}{dx}(2x^2 - 7x + 1) = 4x - 7 \\[2mm] (2x^2 - 7x + 1)' = 4x - 7 \end{cases}$$

함수 $f(x)$를 도함수로 과정과 함께 표기하는 방식

23 도함수란 정확히 무엇인가?

도함수를 구하는 것은 바로 미분을 구하는 것과 같다. 마치 우리가 마법의 지도를 손에 넣는 것과 같다. 이 도함수라는 지도를 손아귀에 쥐면, 함수 $f(x)$ 위를 움직이는 어느 지점이든 그곳에서 그래프가 얼마나 가파른지, 즉 기울기가 얼마인지를 정확히 알아낼 수 있다.

그런데 '도함수를 구하는 공식'인 $\lim\limits_{h \to 0} \dfrac{f(x+h)-f(x)}{h}$ 를 보면 헷갈릴 수 있다. "엥? 원래 Δx는 어디 갔지?" 라고.

놀라지 마시라! Δx는 바로 h로 이름이 바뀐 문자일 뿐이다. 쓰기 귀찮아서(Δx가 시간이 많이 걸려서) h라는 단짝 친구로 간단하게 바꿔 부르는 것에 불과하다.

이 공식의 진짜 의미는 무엇일까? 이 공식은 원래 두 점 사이의 평균 기울기를 구하는 식 $\dfrac{f(x+h)-f(x)}{h}$ 이다.

하지만 여기에 $\lim\limits_{h \to 0}$ 이라는 주문을 걸어주면, 마치 시간을 멈추는 마법처럼, 두 점 사이의 거리 h를 '0에 닿을 듯 말 듯' 한없이 가깝게 줄이는 것이다.

h가 0에 가까워지면, 두 점은 거의 한 점처럼 붙게 되고, 그때의 기울기는 순간적으로 그 점에서의 기울기로 변신한다.

이것이 바로 우리가 찾던 도함수(미분값)이다.

도함수를 구한다는 것은 바로 이 '순간의 비밀'을 알아내는 것과 같으니, 여러분은 이제 앞으로 미분을 아주 쉽게 할 수 있을 것이다.

$$f'(x) = \lim_{\Delta x \to 0} \frac{f(x + \Delta x) - f(x)}{\Delta x} = \lim_{h \to 0} \frac{f(x+h) - f(x)}{h}$$

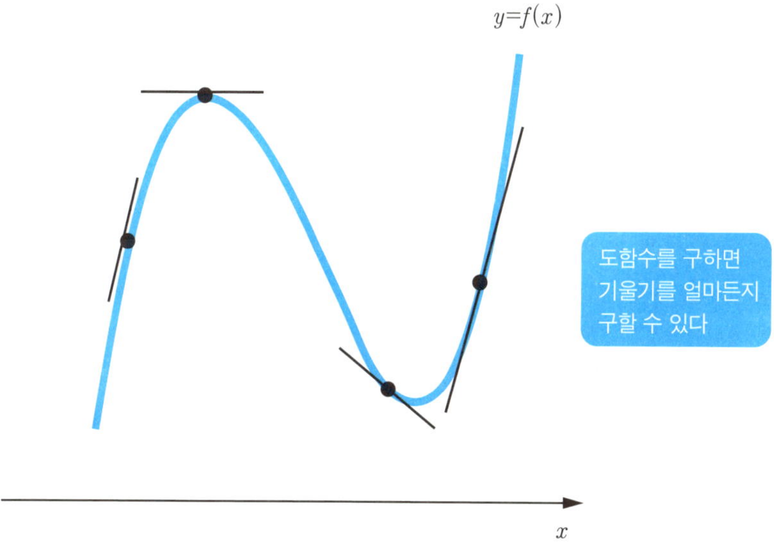

도함수 공식

도함수를 알면 함수 $f(x)$ 위의 어느 점에서든, 그 점의 x 좌표만 알면 접선의 기울기(미분값)를 바로 구할 수 있다.

미분계수

미분계수는 함수가 특정한 점에서 얼마나 빠르게 변하는지를 보여주는 중요한 개념으로, 그래프에서는 '그 점'에서의 접선 기울기를 의미한다. 이는 단순한 계산 결과가 아니라 함수가 그 순간에 어떤 성질을 드러내는지를 수치로 표현한 것이다.

미분계수는 특정 점에서의 순간 변화율로 정의되며, 그 값은 하나의 상수이다. 우리가 평균 변화율을 점점 더 작은 구간으로 좁혀 나가면 마침내 그 점에서의 순간 변화율에 도달하게 되는데, 이 과정이 바로 미분계수를 구하는 과정이다.

많은 이들이 미분계수, 미분, 도함수, 순간변화율이라는 용어가 서로 같은 뜻인지 혼동하기 쉽지만, 실제로는 구분되는 개념이다. 다만 미분계수와 순간변화율은 개념이 같다.

미분계수는 특정 점에서의 값, 도함수는 모든 점에서의 미분계수를 모아놓은 함수, 미분은 그 과정을 의미하며 순간변화율은 물리적이거나 직관적인 해석을 강조할 때 사용한다. 이들은 서로 밀접하게 연결되어 있어 때로는 같은 의미로 쓰이기도 하지만 학문적으로는 엄연히 다른 용어임을 이해해야 한다.

중요한 것은 오른쪽에 제시된 도표가 이러한 관계를 잘 정리하고 있다는 점이다. 따라서 반드시 오른쪽 도표를 주의 깊게 읽어보길 바란다.

도표를 통해 각 용어가 어떻게 연결되고 구분되는지를 시각적으로 확인하면, 미분계수와 도함수, 그리고 순간변화율의 차이를 훨씬 더 명확하게 이해할 수 있을 것이다.

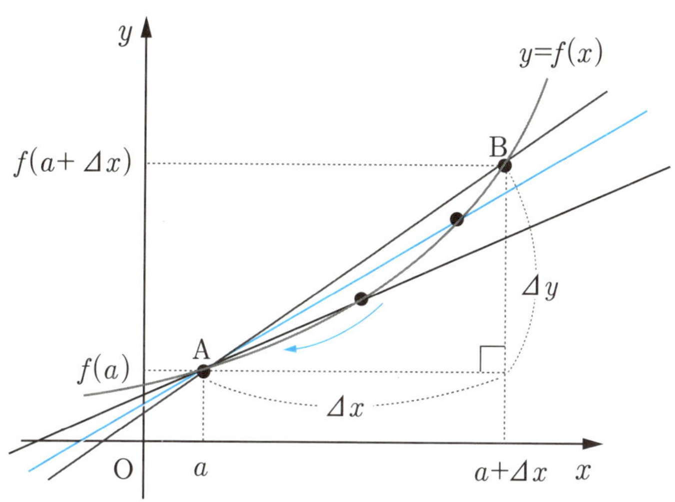

그래프는 함수가 $x=a$에 다가갈수록, 그 점에서의 순간 변화율이자 미분계수 $f'(a)$에 점차 가까워지는 모습을 나타낸다.

구분	도함수	미분계수	순간변화율	미분
의미	미분계수를 일반화한 함수	특정한 점 $x=a$에서의 순간변화율	미분계수와 같은 개념	도함수와미분계수를 구하는 연산과정
결과	함수식	수치값	수치값	함수식 또는 수치값
기호 예시	$f'(x), \dfrac{dy}{dx}$	$f'(a)$	$f'(a)$	$\dfrac{dy}{dx}$ 또는 $\dfrac{d}{dx}f(x)$
기하학적 의미	모든 점에서의 접선의 기울기	특정한 점 $x=a$에서의 접선의 기울기	특정한 점 $x=a$에서의 접선의 기울기	극한으로 평균변화율을 순간변화율(접선의 기울기)로 만드는 과정
서로간의 관계	미분계수의 일반화	도함수의 특정값 대입	미분계수와 동일	도함수와 순간변화율을 구하는 연산과정
예시	$f(x)=x^2 \rightarrow$ $f'(x)=2x$	$x=1$에서의 미분계수 $f'(1)=2\cdot1=2$	$x=1$에서의 순간변화율 $f'(1)=2\cdot1=2$	$f(x)=x^2$ 을 x에 대해 미분 $\rightarrow f'(x)$ $=2x, f'(1)=2$

적분 기호

$$\int f(x)\,dx$$

이제 잠깐 미분에서 적분으로 기호 사용에 대해 짚어보자. 미분과 적분은 서로 역의 관계라고 했다. 처음에 수학자들은 미분과 적분을 별개의 수학 분야로 생각하며 각각 따로 연구했다. 그러다가 두 개념이 서로를 보완하고, 사실상 역의 관계에 있다는 사실이 밝혀지면서 하나의 큰 틀 안에서 함께 다뤄지기 시작했다.

미분과 마찬가지로 적분의 기호는 $\int f(x)\,dx$로 나타낸다. 그런데 여기서 눈에 익은 기호 dx를 또 만나게 된다. 미분에서 dx는 '아주 작은 x의 변화량'을 의미했는데, 적분에서도 마찬가지로 작은 구간의 x 변화량을 쌓아가는 역할을 한다. 그래서 적분은 미분과 동반자이면서도, 서로를 되돌리는 관계라고 할 수 있다. 또한 dx는 무한소라 부르기도 한다.

$\int$ 기호는 summation 즉, '합계'를 뜻하는 단어의 첫 글자 S를 길게 늘인 형태다. 함수 $f(x)$는 우리가 적분하려는 대상이고, dx는 그 함수 값을 쌓아갈 때 기준이 되는 매우 작은 x의 폭이다.

쉽게 말해, 적분은 작은 조각들을 하나하나 더해서 전체를 구하는 과정이다. 마치 얇은 조각 케이크를 차곡차곡 쌓아 전체 케이크를 만드는 것처럼 말이다. 이렇게 보면 적분은 단순한 계산을 넘어서, 연속적인 변화 속에서 전체를 이해하려는 수학의 따뜻한 시선이라고도 할 수 있다.

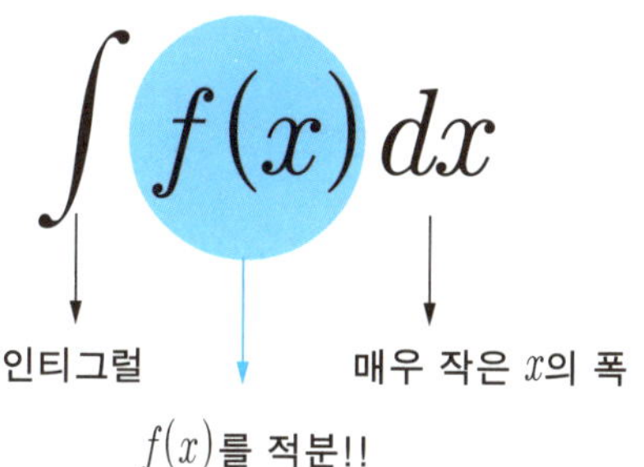

위의 수식은 영어 문장을 해석하는 것과 비슷하다. 먼저 $\int$는 '합계를 구하라'는 동사 역할을 하고, 그 뒤의 $f(x)dx$는 목적어다.

여기서 $f(x)$는 구하고자 하는 함수값이고, dx는 아주 작은 x의 변화량이다.

즉 $f(x)dx$는 '세로×가로'처럼 도형의 작은 넓이를 뜻한다. 그리하여 이 수식은 작은 넓이들을 모두 더해서 전체 도형의 넓이를 구하라는 의미인 '적분'을 나타낸다고 볼 수 있다.

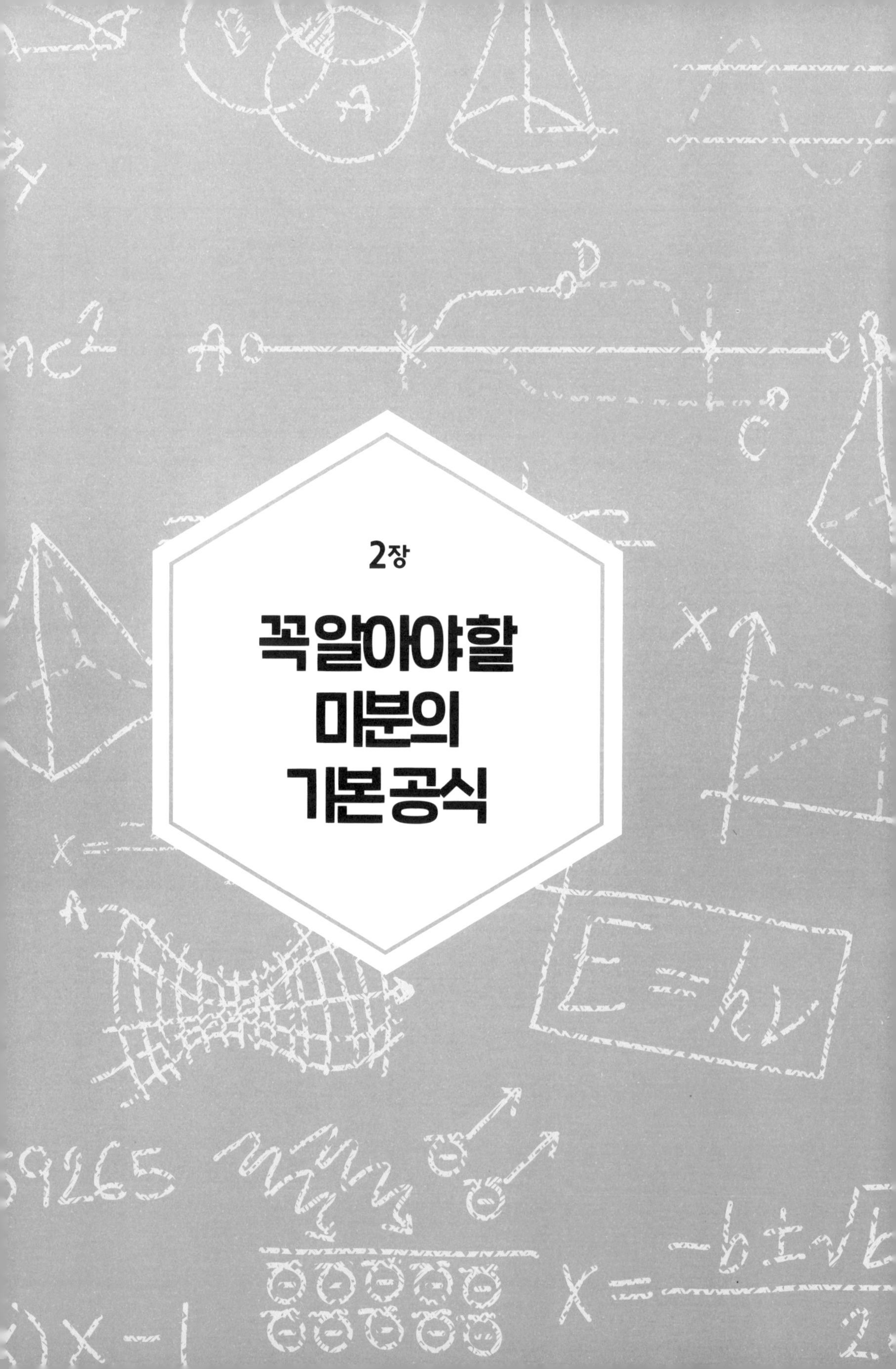
2장
꼭 알아야 할
미분의
기본공식

미분법의 공식

$$\frac{d}{dx}x^n = nx^{n-1}$$

함수 $y=x^6$을 단번에 미분할 수 있을까? 이제부터 이런 미분법에 대해 간단히 알아보려 한다.

우리가 자주 쓰는 미분 공식 중 하나는 $\frac{d}{dx}x^n$인데, 이것은 $(x^n)'$이라고도 표현할 수 있다. 이 공식 하나만 제대로 이해하면 대수식이 포함된 미적분 문제를 훨씬 쉽게 풀 수 있다. 무엇보다도 미분법을 알고 있으면 계산 시간을 크게 줄일 수 있다는 큰 장점이 있다.

공식의 원리를 간단히 설명하자면, x^n을 미분하면 x 앞에 지수 n이 곱해지고, 지수는 $n-1$로 하나 줄어든다. 이러한 원리를 적용하면 계산은 정말 간단해진다.

그러면 실제로 x^6을 미분해 보자. 먼저 지수 6을 x 앞에 곱해주고, 지수는 6에서 1을 뺀 5로 바꿔준다. 이렇게 하면 결과는 $\frac{d}{dx}x^6 = 6x^5$이 된다. 아주 간단하게 해결되었다.

$$(x^n)' = n \times x^{n-1}$$

$$(x^6)' = 6 \times x^{6-1}$$

$(x^n)'$과 $(x^6)'$의 예

☑ 하나 더!

Q n차를 미분하면 $n-1$차로 변화하는 것의 의미?

A 그래프의 모양과 형태를 분석 가능

  (1) $n-1$차로 미분→극점(함수의 그래프가 최고점이나 최소점이 되는 점)

  (2) $n-2$차로 미분→변곡점(함수가 오목과 볼록이 바뀌는 굴곡점)

함수 $y=2x^2$에서 점 A$(1, 2)$의 기울기를 구하는 문제는 미분법의 핵심을 이해하는 좋은 예제이다.

먼저 미분법 공식을 활용하면 매우 간단하고 신속하게 답을 얻을 수 있다. 함수 $y=2x^2$을 미분하면 도함수 $y' = (2x^2)' = 4x$가 되며, 이 도함수에 관심 있는 지점인 $x=1$을 대입하면 해당 점에서의 순간기울기는 4라는 것을 즉시 확인할 수 있다.

이처럼 미분법 공식은 복잡한 계산을 대폭 줄여주어 실질적인 문제 풀이에 가장 효율적인 방법이다.

하지만 이 결과를 더욱 확실히 이해하기 위해서는 미분법 공식이 탄생하게 된 근본 원리인 도함수의 정의 $\lim\limits_{h \to 0} \dfrac{f(x+h)-f(x)}{h}$을 이용해 직접 계산하는 방식은 공식 사용에 비해 훨씬 복잡하고 시간이 더 걸리는 것이 사실이다.

실제로 $y=2x^2$을 도함수의 과정으로 최종적으로는 $y'=4x$라는 동일한 결과를 얻게 되며, 여기에 $x=1$을 대입하면 역시 4라는 기울기를 얻는다.

미분법으로 간단히 계산 $\longrightarrow$ $y' = 4x$ $\xrightarrow[x=1\ 대입]{}$ 4 따라서 $f'(1) = 4$

도함수의 정의로 계산 $\longrightarrow$ $f'(1) = \lim_{h \to 0} \dfrac{f(1+h) - f(1)}{h} = \lim_{h \to 0} \dfrac{2(1+h)^2 - 2 \cdot (1)^2}{h}$

$$= \lim_{h \to 0} \dfrac{2h^2 + 4h}{h} = \lim_{h \to 0} (2h + 4) = 4$$

미분법으로 계산하는 것이 도함수의 정의로 하는 것보다 훨씬 간단하고 빠르다.

삼각함수의 미분법

$$(\sin x)' = \cos x$$
$$(\cos x)' = -\sin x$$
$$(\tan x)' = \sec^2 x$$

미분법 중에서 삼각함수의 미분법은 처음 배울 때 살짝 복잡하게 느껴질 수 있는데, 그 이유는 단순히 공식만 외우는 것이 아니라 삼각함수가 가진 여러 성질들을 같이 알아야 하기 때문이다. 하지만 너무 걱정할 필요는 없다.

일단은 중요한 공식 세 가지만 확실히 기억하고 시작하면 미분 문제의 첫걸음을 성공적으로 떼는 것이나 다름없다. 우선 $\sin x$를 미분하면 $\cos x$가 된다는 사실을 기억하고, 다음으로 $\cos x$를 미분하면 재미있게도 앞에 음수($-$)가 붙어서 $-\sin x$가 된다는 것을 기억하자.

그리고 처음에는 "이게 어떻게 나왔지?" 싶어 조금 당황스러울 수도 있는 $\tan x$를 미분하면 $\sec^2 x$라는 식이 된다.

이렇게 대표적인 세 가지 공식을 꼭 머릿속에 익혀두는 것이 가장 중요하고, 이 공식들이 왜 이렇게 되는지에 대한 증명 과정은 가장 기초가 되는 $\sin x$의 미분 증명을 먼저 차근차근 확인하며 연습하는 것을 추천한다.

(1) $y = \sin x$의 미분에 대한 증명

$$f'(x) = \lim_{h \to 0} \frac{f(x+h) - f(x)}{h}$$

$$= \lim_{h \to 0} \frac{\sin(x+h) - \sin(x)}{h}$$

삼각함수 $\sin A - \sin B = 2\cos\dfrac{A+B}{2}\sin\dfrac{A-B}{2}$
를 적용하여 나타내면

$$= \lim_{h \to 0} \frac{2\cos\left(x+\dfrac{h}{2}\right) \cdot \sin\dfrac{h}{2}}{h}$$

극한값 $\lim_{x \to 0} \dfrac{\sin x}{x} = 1$ 을 적용하면

$$= \lim_{h \to 0} \cos\left(x+\dfrac{h}{2}\right) \cdot \frac{\sin\dfrac{h}{2}}{\dfrac{h}{2}}$$

$$= \cos x$$

(2) $y = \sin x$의 미분에 대한 다른 증명 방법

$$\frac{d}{dx}(\sin x) = \lim_{h \to 0} \frac{\sin(x+h) - \sin x}{h}$$

삼각함수 $\sin(\alpha + \beta) = \sin\alpha\cos\beta + \cos\alpha\sin\beta$ 를 적용하여 나타내면

$$= \lim_{h \to 0} \frac{\sin x \cos h + \cos x \sin h - \sin x}{h}$$

$$= \lim_{h \to 0} \frac{\sin x(\cos h - 1) + \cos x \sin h}{h}$$

$$= \sin x \cdot 0 + \cos x \cdot 1 = \cos x$$

(1)과 (2)는 서로 다른 삼각함수 공식을 이용해 증명한 것으로, (1)은 삼각함수의 차를 곱으로 바꾸는 공식을 활용했고, (2)는 삼각함수의 덧셈정리 공식을 사용했다.

지수함수의 미분법

$$(1)\ (e^x)' = e^x$$
$$(2)\ (a^x)' = a^x \ln a$$

지수함수는 몇 가지 신기한 특징을 가진 매우 독특한 함수이다. 그중에서도 가장 눈에 띄는 함수는 바로 $y = e^x$이다. 이 함수는 미분을 해도 형태가 전혀 바뀌지 않고, 그대로 e^x가 되는 놀라운 성질을 가지고 있다. 혹시 아직 배우지 않았더라도, 누군가는 이렇게 질문할 수도 있을 것이다.

"그러면 적분을 해도 e^x가 그대로 나오는 건가요?"

답은 yes다.

단지 적분에서는 결과에 적분상수 C만 더해질 뿐, 나머지는 그대로 e^x이다.

그래서 e^x는 미분을 해도, 적분을 해도 변하지 않는, 정말 신기하고도 매력적인 함수이다.

하지만 밑이 e가 아닌 일반적인 지수함수 $y = a^x$의 경우는 다르다.

이 함수를 미분하면 a^x는 그대로 유지되지만, 여기에 자연로그 $\ln a$가 곱해진다.

그래서 미분 공식은 $\dfrac{d}{dx} a^x = a^x \ln a$이다. e^x의 경우에는 $\ln a$에서 $a = e$이므로 $\ln e = 1$이 되어 자연스럽게 e^x만 남는다. 이러한 차이점을 알고 있으면 지수함수의 미분법을 훨씬 더 명확하게 이해할 수 있다.

$$(e^x)' = e^x$$
지수함수 e^x는 미분하면 그대로인 e^x이다.

$$\int e^x \, dx = e^x + C$$
지수함수 e^x는 적분해도 적분상수 C만 붙이는 것 외에는 그대로이다.

$$(a^x)' = a^x \ln a$$
지수함수 a^x를 미분하면 $a^x \ln a$이다.

로그함수의 미분법

$$(1)\,(\ln x)' = \frac{1}{x}$$

$$(2)\,(\log_a x)' = \frac{1}{x\ln a}\,(a > 0, a \neq 1)$$

로그함수의 미분은 밑에 따라 두 가지로 나뉜다. 자연로그 $\ln x$를 미분하면 $\frac{1}{x}$이 되어 매우 단순하지만 로그 $\log_a x$는 $\frac{1}{x\ln a}$이 되기 때문에 처음 접하면 생소하게 느껴질 수 있다.

이 차이는 밑변환 공식에서 비롯된다. 로그를 $\log_a x = \frac{\ln x}{\ln a}$처럼 바꾸어 쓰면, $\ln a$는 x와 관계없는 상수이므로 미분할 때 그대로 아래에 남는다. 위쪽에 있는 $\ln x$만 미분되어 $\frac{1}{x}$이고, 이것이 분모의 $\ln a$와 함께 정리되면서 최종적으로 $\frac{1}{x\ln a}$라는 형태가 된다. 이런 과정을 차근차근 따라가 보면 공식이 왜 그렇게 만들어지는지 자연스럽게 받아들일 수 있다.

처음에 두 로그함수 미분 공식이 비슷해 보여 구분하기 어려울 수 있다.

하지만 그 원리를 이해하고 나면 오히려 두 공식이 어떻게 연결되는지 명확하게 보일 것이다.

(1) $y = \ln x$를 미분하면

$$y' = \lim_{h \to 0} \frac{\ln(x+h) - \ln x}{h}$$

$$= \lim_{h \to 0} \frac{1}{h} \cdot \ln\left(\frac{x+h}{x}\right)$$

$$= \lim_{h \to 0} \frac{1}{h} \ln\left(1 + \frac{h}{x}\right)^{\frac{x}{h} \cdot \frac{h}{x}}$$

$$= \lim_{h \to 0} \frac{1}{h} \cdot \frac{h}{x} \underbrace{\ln\left(1 + \frac{h}{x}\right)^{\frac{x}{h}}}_{= 1}$$

$$= \frac{1}{x}$$

다른 증명방법으로는 $y' = \dfrac{x'}{x} = \dfrac{1}{x}$ 로 간단하다. 자연로그를 미분하면 진수 x를 분모에, 진수 x를 미분한 것을 분자에 나타내어 계산한다.

(2) $y = \log_a x$를 미분하면 $y' = \left(\dfrac{\ln x}{\ln a}\right)'$에서 $\dfrac{1}{\ln a}$ 은 상수이고, $\ln x$를 미분하면 $\dfrac{1}{x}$ 이므로 $(\log_a x)' = \dfrac{1}{x \ln a}$

곱의 미분법

$$(uv)'=u'v+uv'$$

'형님 먼저, 아우 먼저'라는 표현은 두 함수 $u(x)$와 $v(x)$의 곱을 미분하는 곱의 미분법의 구조를 직관적으로 이해하게 해주는 암기 방법이다.

이 공식은 $(uv)'=u'v+uv'$이며, 이는 하나의 함수를 미분한 결과에 다른 함수를 그대로 곱한 값들을 서로 더하여 도함수를 구하는 방식이다. 이 방법을 사용하면 복잡한 다항식의 곱을 일일이 전개해야 하는 과정을 생략하고도 빠르고 정확하게 미분 결과를 도출할 수 있어, 계산의 효율성을 높일 수 있다.

실제 적용 예시로, 형님 함수 $u(x)=2x^2+6x$와 아우 함수 $v(x)=3x^3+5$의 곱을 미분해 보겠다. 편의상 $u(x)$를 u로, $v(x)$를 v로 한다. 그러면 먼저 각 함수의 도함수인 $u'=4x+6$과 $v'=9x^2$을 구한다.

첫째, 형님을 미분하고 아우를 그대로 곱한 값은 $u'v=(4x+6)(3x^3+5)=12x^4+18x^3+20x+30$이다. 둘째, 형님은 그대로 두고 아우를 미분하여 곱한 값은 $uv'=(2x^2+6x)\cdot 9x^2=18x^4+54x^3$이다.

이 두 결과를 더하여 동류항끼리 정리하면 도함수는 $30x^4+72x^3+20x+30$이다. 이 결과는 함수를 먼저 전개한 후 미분하여 얻는 결과와 같다. 특히 차수가 높은 함수들의 곱셈에서 복잡한 계산으로 인한 오류와 계산 시간을 크게 줄여준다.

$$(uv)' = u'v + uv'$$

(형님 먼저)　(아우 먼저)

<곱의 미분법 공식>

(예)
$$u = 2x^2 + 6x, \ v = 3x^3 + 5$$
$$u' = 4x + 6, \ v' = 9x^2$$

$$(uv)' = u'v + uv' = (4x + 6)(3x^3 + 5) + (2x^2 + 6x) \cdot 9x^2$$
$$= 30x^4 + 72x^3 + 20x + 30$$

곱의 미분법은 다항식의 차수가 복잡할수록
미분의 계산에 용이하다

몫의 미분법

$$\left(\frac{u}{v}\right)' = \frac{u'v - uv'}{v^2}$$

몫의 미분법은 형님(u)을 먼저 미분한 뒤 아우(v)를 그대로 곱하고, 이어서 아우를 미분한 것을 형님에 곱한 다음 두 결과를 빼주는 방식으로 진행된다. 마지막에는 아우를 제곱하여 전체를 나누게 되는데, 이 과정을 비유하자면 형님이 먼저 나서고 아우는 따라가지만 곧 아우도 나서며 형님과 충돌하고, 그 싸움의 결과를 아우가 제곱만큼 책임지는 셈이다.

예를 들어 형님이 $u = 2x^2 - 5$, 아우가 $v = x^3 + 1$일 경우, 형님을 미분하면 $u' = 4x$, 아우를 미분하면 $v' = 3x^2$이 되고, 형님 미분과 아우를 곱한 결과는 $4x^4 + 4x$, 아우 미분과 형님을 곱한 결과는 $6x^4 - 15x^2$이므로 이를 빼면 $-2x^4 + 15x^2 + 4x$가 된다.

마지막으로 아우의 제곱인 $(x^3 + 1)^2$으로 나누면 도함수 $\left(\dfrac{u}{v}\right)'$는 $\dfrac{-2x^4 + 15x^2 + 4x}{(x^3 + 1)^2}$이다. 이처럼 '형님 아우 싸우니 아우꺼 제곱만큼 망하네'라는 리듬으로 기억하면 몫의 미분법을 자연스럽게 떠올릴 수 있다.

$$
\left(\frac{u}{v}\right)' = \boxed{\frac{u'v - uv'}{v^2}}
$$

(형님 아우 싸우니)

(아우 것 제곱만큼 망하네)

몫의 미분법 공식

(예)

$$
u = 2x^2 - 5, \, v = x^3 + 1
$$
$$
u' = 4x, \, v' = 3x^2
$$

$$
\left(\frac{u}{v}\right)' = \frac{u'v - uv'}{v^2} = \frac{(4x) \cdot (x^3 + 1) - (2x^2 - 5) \cdot (3x^2)}{(x^3 + 1)^2}
$$
$$
= \frac{4x^4 + 4x - (6x^4 - 15x^2)}{(x^3 + 1)^2} = \frac{-2x^4 + 15x^2 + 4x}{(x^3 + 1)^2}
$$

> 몫의 미분법은 분수식이 복잡할 때
> 미분의 계산이 더 효율적이다.

로피탈 정리

$$\lim_{x \to a} \frac{f(x)}{g(x)} \doteq \lim_{x \to a} \frac{f'(x)}{g'(x)}$$

로피탈의 정리는 스위스 수학자 요한 베르누이가 처음 발견한 것으로 알려져 있으며, 프랑스의 귀족이자 수학자였던 기욤 드 로피탈이 그의 저서 <곡선을 이해하기 위한 무한소 해석>에 소개하면서 세상에 널리 알려졌다.

그래서 오늘날에는 '로피탈의 정리'라는 이름으로 불리지만, 실제 발견자는 베르누이라는 점이 역사적으로 잘 알려져 있다.

이 정리는 분자와 분모가 동시에 0으로 가까워지거나 둘 다 무한대로 발산하는 경우에 적용할 수 있으며, 원래의 극한을 직접 계산하기 어려울 때 분자와 분모를 각각 미분한 뒤 그 비율의 극한을 계산함으로써 문제를 단순하게 풀 수 있다.

일반적인 형태는 $\lim\limits_{x \to a} \dfrac{f(x)}{g(x)} \doteq \lim\limits_{x \to a} \dfrac{f'(x)}{g'(x)}$ 로 표현할 수 있다.

예를 들어 $\lim\limits_{x \to 0} \dfrac{\sin x}{x} \doteq \lim\limits_{x \to 0} \dfrac{\cos x}{1} = 1$ 처럼 복잡해 보이는 극한도 빠르고 간단하게 계산할 수 있다. 다만 로피탈의 정리는 모든 경우에 적용되는 만능키는 아니며, 조건이 맞지 않거나 다른 접근이 필요한 경우도 있기 때문에 보조적인 방법으로 이해하고 활용하는 것이 가장 바람직하다.

$$\lim_{x \to a} \frac{f(x)}{g(x)} \doteqdot \lim_{x \to a} \frac{f'(x)}{g'(x)}$$

분모와 분자를 미분한다

로피탈의 정리로 간단히 계산!

$$\lim_{x \to 0} \frac{\sin x}{x} \doteqdot \lim_{x \to 0} \frac{\cos x}{1} = 1$$

로피탈의 정리를 사용하면 안 되는 예

로피탈의 정리를 사용하면 $\lim_{x \to \infty} \dfrac{x - \cos x}{x} \doteqdot \lim_{x \to \infty} \dfrac{1 + \sin x}{1}$ =극한이 존재하지 않는다 (진동)

실제로 계산하면 $\lim_{x \to \infty} \dfrac{x - \cos x}{x} = 1$

코사인 함수가 -1과 1사이의 값을 갖는 부등식에서 시작해

각 항에 -1을 곱하고 x를 더한 후 전체 식을 x로 나눈다.

각 항에 극한을 붙이면 $\lim\limits_{x \to \infty}\left(1 - \dfrac{1}{x}\right) \leq \lim\limits_{x \to \infty} \dfrac{x - \cos x}{x} \leq \lim\limits_{x \to \infty}\left(1 + \dfrac{1}{x}\right)$

으로 $\lim\limits_{x \to \infty} \dfrac{x - \cos x}{x} = 1$ 이 된다.

합성함수의 미분

$$\{f(g(x))\}'=f'(g(x))g'(x)$$

합성함수의 미분은 마치 요리 레시피를 따라가는 과정과 비슷하다. 어떤 요리를 만들 때, 먼저 재료를 손질하고 그 재료를 조리하는 두 단계가 필요하듯이, 합성함수도 안쪽과 바깥쪽 두 함수가 차례로 작용한다.

예를 들어 $y=(2x-1)^7$이라는 함수는 겉으로 보면 단순한 거듭제곱처럼 보이지만, 사실은 두 단계로 구성된 요리법이다. 안쪽 재료는 $2x-1$이고, 바깥쪽 조리법은 그것을 7제곱하는 것이다.

x가 살짝 변하면 먼저 재료인 $2x-1$이 변하고, 그 변화가 바깥쪽 조리법에 영향을 준다. 그래서 미분할 때도 먼저 바깥쪽 함수인 u^7을 미분해서 $7u^6$을 만들고, 그다음에 안쪽 함수 $2x-1$을 미분해서 2를 곱해줘야 한다. 이렇게 하면 전체 요리의 변화율, 즉 도함수를 정확히 계산할 수 있다.

결과적으로 이 함수의 미분 결과는 $7\cdot(2x-1)^{7-1}\cdot2=14(2x-1)^6$이다. 이처럼 합성함수의 미분은 '재료 먼저 손질하고, 조리법은 그대로 따라간 뒤, 마지막에 재료의 변화까지 반영해주는' 과정이라고 생각하면 훨씬 쉽게 이해할 수 있다. 마치 요리처럼 순서를 지켜야 맛있는 결과가 나오는 셈이다.

합성함수의 미분을 하는 이유

합성함수 미분법의 예시

$$y = (2x - 1)^7$$

미분

u로 치환

겉미분
$$\frac{dy}{du} = 7(2x - 1)^6$$

속미분
$$\frac{du}{dx} = 2$$

$$y' = \frac{dy}{dx} = \frac{dy}{du} \times \frac{du}{dx} = 7(2x - 1)^6 \times 2 = 14(2x - 1)^6$$

34 고차식의 역함수 미분법

고차식의 역함수 미분법은 $\dfrac{dx}{dy} = \dfrac{1}{\dfrac{dy}{dx}}$ 로 해결

$y = 2x + 6$ 같은 일차 함수의 역함수 $f^{-1}(x) = \dfrac{x-6}{2}$ 은 x에 대해 정리만 하면 쉽게 구할 수 있다.

하지만 $y = x^7 + 3x^5 + 3x - 5$ 처럼 차수가 높은 고차식의 역함수를 직접 구하려 한다면 어떨까? x를 y에 대한 식으로 풀어내는 과정은 너무 복잡해서 베테랑 수학자도 실수하기 쉽다. 게다가 역함수의 미분까지 구해야 한다면 난이도는 급상승한다!

이럴 때, 계산을 단순화하는 놀라운 지름길이 있다. 바로 역함수 미분법을 이용하는 것이다. 역함수의 도함수는 $\dfrac{dx}{dy} = \dfrac{1}{\dfrac{dy}{dx}}$ 이라는 우아하고 간결한 관계로 얻을 수 있다.

즉, 원래 함수의 도함수를 구한 뒤, 그 역수를 적용하면 역함수의 도함수를 손쉽게 알 수 있다.

고차식의 역함수의 미분 $\dfrac{dx}{dy} = \dfrac{1}{\dfrac{dy}{dx}}$ 을 이용!

풀이

$y = x^7 + 3x^5 + 3x - 5$ 일 때 $\dfrac{dy}{dx} = 7x^6 + 15x^4 + 3$ 을 먼저 구한다.

역함수의 미분 $\dfrac{dx}{dy} = \dfrac{1}{\dfrac{dy}{dx}} = \dfrac{1}{7x^6 + 15x^4 + 3}$

n계 도함수

이계도함수는 말 그대로 함수를 두 번 미분해서 얻는 신비로운 함수이다. 이것을 또 한 번 더 미분하는 과정은 마치 도함수가 변신을 거듭하며 점점 더 숨겨진 속살을 드러내는 것과 같다.

엄밀히 말하자면, 이계도함수는 $\lim\limits_{h \to 0} \dfrac{f'(x+h) - f'(x)}{h}$ 라는 도함수로 정의되고, 표기는 y'', $f''(x)$, $\dfrac{d^2 y}{dx^2}$, $\dfrac{d^2 f(x)}{dx^2}$ 처럼 다양하게 쓸 수 있지만 중요한 건 내가 원하는 방식으로, 상대방이 쏙쏙 이해할 수 있게 표현하는 게 관건이다.

그리고 이것을 다섯 번, 여섯 번 미분하고 싶다면? 그러면 $y^{(5)}$, $f^{(6)}(x)$ 처럼 고차 도함수 표기로 간결하게 나타내면 되는데, 이 고차도함수들은 단순히 어렵고 복잡한 숫자 놀음이 아니라 함수가 얼마나 휘고, 어디서 방향을 바꾸며, 심지어 삼각함수처럼 자기 자신을 따라하는 신기한 패턴까지 드러내는 열쇠다!

요약하면 미분을 여러 번 한다는 건 함수와의 깊은 대화이자, 숫자 속 숨은 리듬과 비밀을 찾아가는 흥미진진한 탐험인 셈이다. 미분은 한 번만 하고 마는 것이 아니라, 여러 번 반복할수록 함수가 가진 더 깊고 정교한 성질을 이해할 수 있게 되므로, 그 가치를 충분히 인식하는 것이 중요하다.

이계도함수의 도함수 정의

$$f''(x) = \lim_{h \to 0} \frac{f'(x+h) - f'(x)}{h}$$

이계도함수의 표기법

$$y'' \qquad f''(x) \qquad \frac{d^2 y}{dx^2} \qquad \frac{d^2 f(x)}{dx^2}$$

표기법은 넷 중의 어느 하나를 선택하여 사용하면 된다.

이계도함수의 도함수 정의와 표기법

n계도함수의 도함수 정의

$$f^{(n)}(x) = \lim_{h \to 0} \frac{f^{(n-1)}(x+h) - f^{(n-1)}(x)}{h}$$

n계도함수의 표기법

$$y^{(n)} \qquad f^{(n)}(x) \qquad \frac{d^n y}{dx^n} \qquad \frac{d^n f(x)}{dx^n}$$

표기법은 넷 중의 어느 하나를 선택하여 사용하면 된다.

n계도함수의 도함수 정의와 표기법

다항함수는 미분을 계속하면 차수가 점점 줄어들다가 마침내 0이 되어 사라진다.

예를 들어 x^3을 미분하면 $3x^2$, 다시 미분하면 $6x$, 또 미분하면 6, 그리고 한 번 더 미분하면 0이 된다.

사인 함수는 미분할 때마다 $\cos x$, $-\sin x$, $-\cos x$, 다시 $\sin x$로 바뀌며 4번 미분하면 원래 함수로 돌아오는 규칙이 있어, n번째 미분은 $\sin\left(\dfrac{n}{2}\pi + x\right)$로 쓸 수 있다.

코사인도 같은 방식으로 4번 반복되며, n번째 미분은 $\cos\left(\dfrac{n}{2}\pi + x\right)$가 된다.

지수함수 e^{ax}는 미분해도 같은 형태가 유지되어, n번째 미분은 $a^n e^{ax}$가 돼서 마치 자신을 복제하는 것처럼 변하지 않는다.

이렇게 다항함수는 미분할 때마다 차수가 낮아지는 특징을 보이고, 삼각함수는 미분하여도 주기적으로 변화하며, 지수함수는 자기 모습 그대로 유지되는 특징이 있어 미분을 이해하는 데 큰 도움이 된다.

$y = \sin x$ 에서

$$y' = \cos x = \sin\left(\frac{1}{2}\pi + x\right)$$

$$y'' = -\sin x = \sin\left(\frac{2}{2}\pi + x\right)$$

$$y''' = -\cos x = \sin\left(\frac{3}{2}\pi + x\right)$$

$$y^{(4)} = \sin x = \sin\left(\frac{4}{2}\pi + x\right)$$

$$\downarrow$$

$$y^{(n)} = \sin\left(\frac{n}{2}\pi + x\right)$$

$y = \cos x$ 에서

$$y' = -\sin x = \cos\left(\frac{1}{2}\pi + x\right)$$

$$y'' = -\cos x = \cos\left(\frac{2}{2}\pi + x\right)$$

$$y''' = \sin x = \cos\left(\frac{3}{2}\pi + x\right)$$

$$y^{(4)} = \cos x = \cos\left(\frac{4}{2}\pi + x\right)$$

$$\downarrow$$

$$y^{(n)} = \cos\left(\frac{n}{2}\pi + x\right)$$

$\sin x$와 $\cos x$의 n계 도함수를 구하는 과정

$$y = e^{ax}$$

$$y' = a^{1}e^{ax}$$

$$y'' = a^{2}e^{ax}$$

$$y''' = a^{3}e^{ax}$$

$$y^{(4)} = a^{4}e^{ax}$$

$$\downarrow$$

$$y^{(n)} = a^{n}e^{ax}$$

$y = e^{ax}$에서 n계 도함수 구하는 과정

E=hv
f(x)x-1
sin²α+cos²α=1
²-4ac
a
π=3

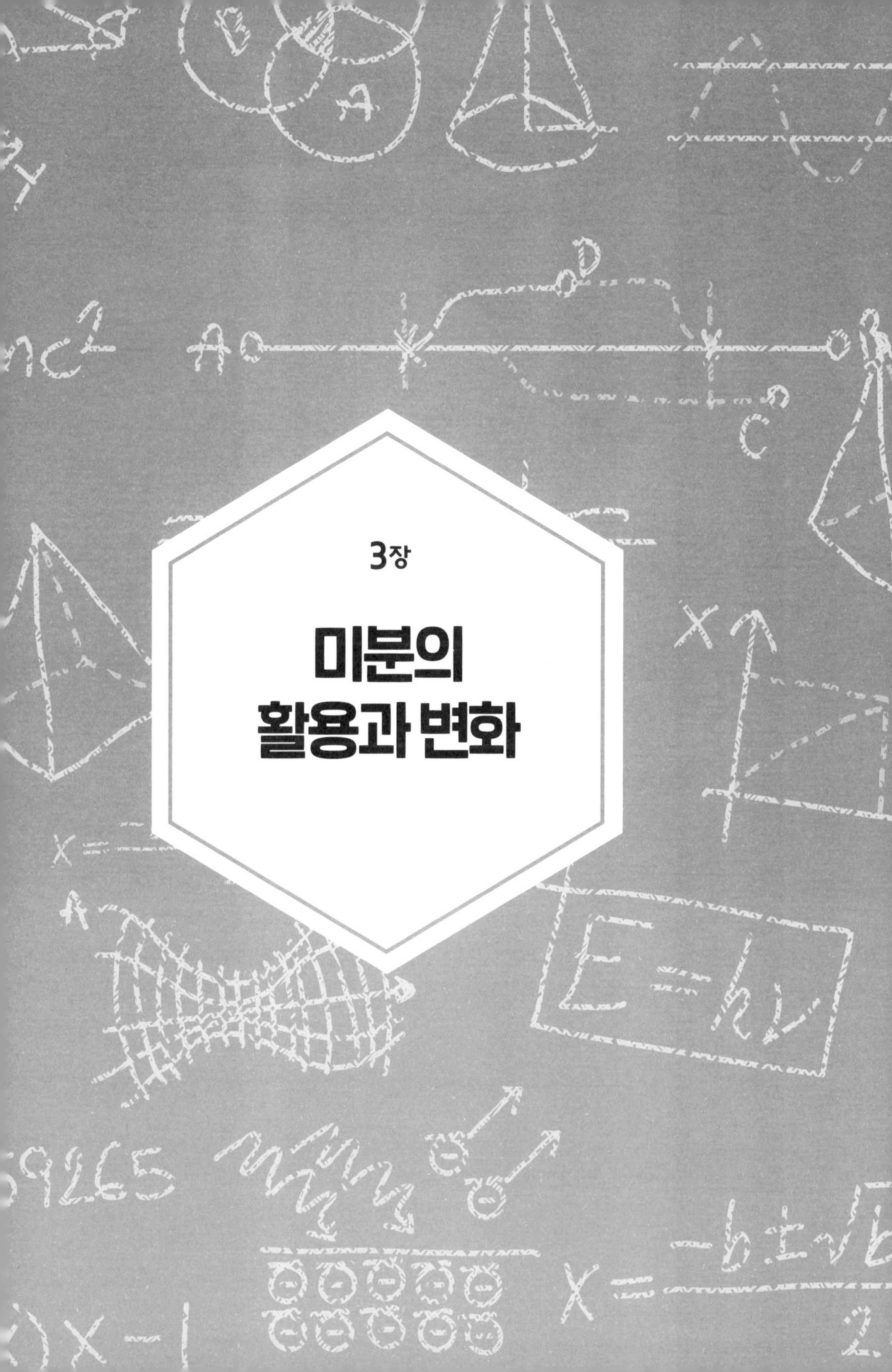

3장

미분의 활용과 변화

롤의 정리

롤의 정리는 아주 오래된 수학 이야기에서 시작된다. 12세기 인도의 수학자 바스카라가 처음 언급했고, 17세기에 미셸 롤이 이를 증명하면서 미적분에서 중요한 보조 정리로 자리 잡았다.

이 정리는 어떤 함수가 닫힌구간에서 연속이고 열린구간에서 미분이 가능하며, 양 끝점에서 함수값이 같다면 그 사이 어딘가에 접선의 기울기가 0인 지점이 반드시 존재한다는 것을 말한다. 쉽게 말해, 그래프를 그려보면 꼭대기나 바닥처럼 평평한 지점이 하나는 있다는 뜻이다.

예를 들어 함수가 $x=1$과 $x=7$에서 같은 값을 가진다면, 그 사이 어딘가에서 접선이 x축과 평행한 지점이 생기게 된다. 그 지점에서는 순간기울기, 즉 미분값이 0이 되는 것이다. 이것은 눈으로 봐도 알 수 있다. 함수가 x축에 평행한 직선이라면, 전체가 기울기 0이니까 당연히 모든 점에서 미분값이 0이다. 이런 경우도 롤의 정리에 정확히 들어맞는다.

그림을 보면 더 쉽게 이해할 수 있을 것이다. 함수가 부드럽게 이어지고, 양 끝에서 같은 높이를 가지면, 그 사이 어딘가에서 꼭 평평한 지점이 생긴다는 것을 보여준다. 이것이 바로 롤의 정리의 핵심이다.

이제 이 개념을 조금 더 확장해볼까? 평균값의 정리로 넘어가면, 함수값이 달라도 그 사이 어딘가에서 평균 변화율과 같은 순간 변화율을 가지는 지점이 있다는 걸 알 수 있다. 롤의 정리를 이해했다면, 평균값의 정리도 훨씬 친근하게 다가올 것이다.

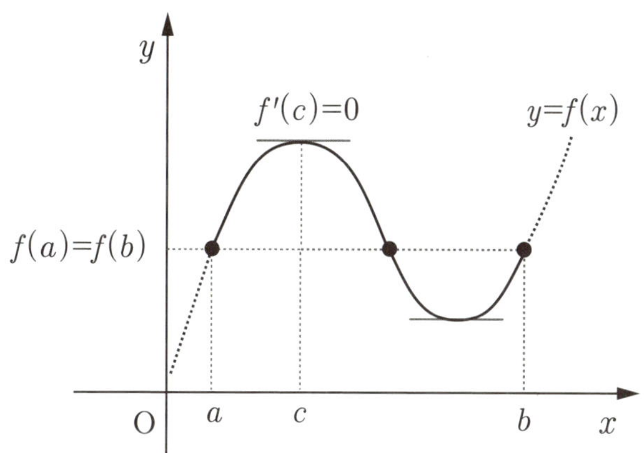

함수 $f(x)$가 닫힌구간 $[a, b]$에서 정의되고, $f(a)=f(b)$이면 그 사이 어딘가에 접선이 평평한 지점이 하나 이상 생긴다. 그 지점에서는 순간기울기, 즉 $f'(c)$가 0이다.
롤의 정리를 설명한 그림

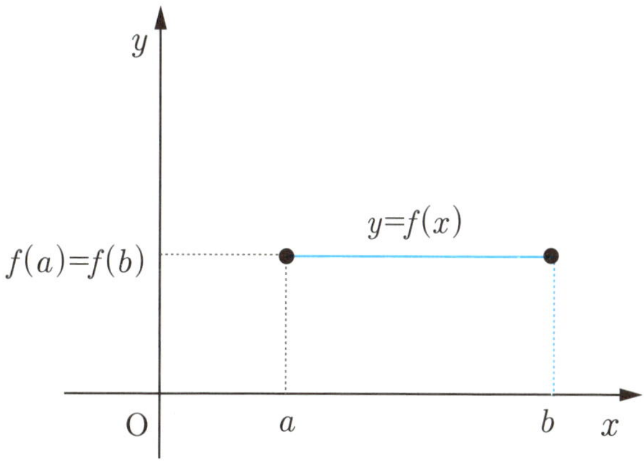

$y=f(x)$가 상수함수일 때의 롤의 정리를 적용한 예

평균값의 정리

평균값의 정리는 롤의 정리를 한 단계 더 넓게 확장한 개념이다. 롤의 정리에서는 $f(a) = f(b)$일 때, 그 사이에 접선의 기울기 $f'(c)$가 0인 지점이 반드시 있다고 말한 바 있다.

그런데 평균값의 정리는 $f(a) \neq f(b)$인 경우에도 적용된다. 즉, 두 점 $(a, f(a))$와 $(b, f(b))$를 연결하는 직선의 기울기, 바로 평균 변화율 $\dfrac{f(b) - f(a)}{b - a}$와 같은 기울기를 가진 접선이 열린구간 (a, b) 안에 적어도 하나는 있다는 뜻이다.

여기서 평균 변화율은 단순히 두 점을 연결한 직선의 기울기이고, 순간 변화율 $f'(c)$는 구간 안의 어떤 점 c에서의 접선 기울기이다. 평균값의 정리는 이 두 가지가 반드시 일치하는 지점이 하나는 있다는 걸 보장해 준다.

쉽게 말하면, 롤의 정리는 시작과 끝에서 함수값이 같을 때 그 사이에 평평한 부분이 꼭 있다는 것이고, 평균값의 정리는 시작과 끝의 값이 달라도 그 사이에 두 점을 잇는 직선과 같은 기울기를 가진 순간이 반드시 있다는 것이다. 그래서 평균값의 정리는 롤의 정리를 포함하는 더 넓은 개념이라고 할 수 있다.

현실적으로 생각해 보면, 고속도로에서 스피드 건이나 구간 단속 카메라가 평균속도를 계산하는 방식이 바로 평균값의 정리와 닮아 있다. 예를 들어 제한속도가 100km/h인 도로에서 10km 구간을 5분 만에 달렸다면 평균속도는 120km/h이다. 평균값의 정리에 따르면 그 구간 안 어딘가에서는 순간속도 $f'(c)$가 평균속도와 같아지는 지점이 반드시 있다. 그리하여 평균속도가 제한속도를 넘었다는 건, 실제로 어느 순간에는 제한속도를 초과했다는 것을 수학적으로 확실히 보여주는 셈이다.

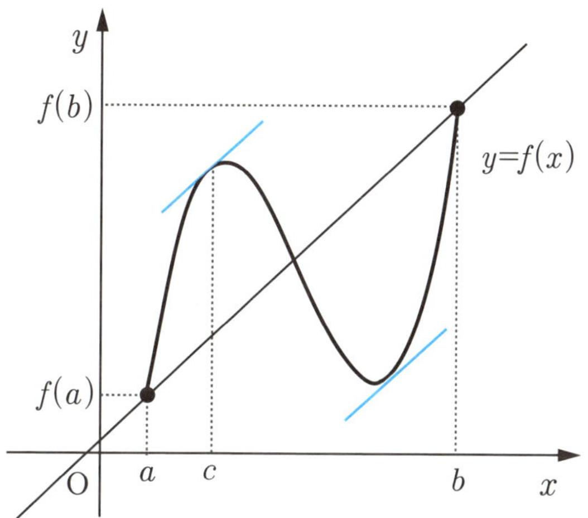

평균값의 정리의 그래프 : 조건만 다를 뿐, 평균값의 정리는 롤의 정리의 확장이다.

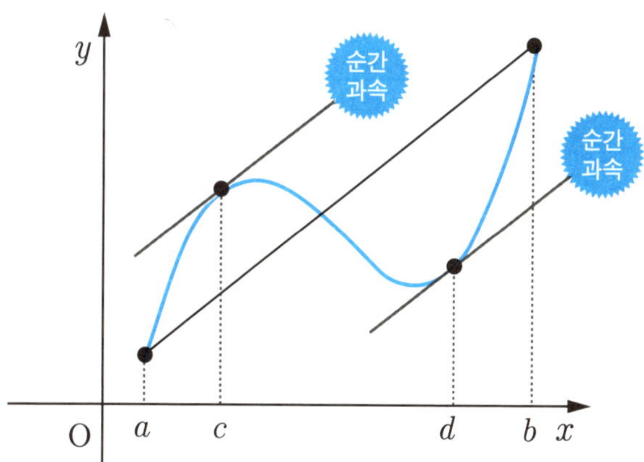

평균값 정리를 이용한 스피드 건으로 과속을 나타낸 그림 : 평균변화율과 순간변화율의 기울기가 같은 곳이 나오면 과속이다.

38 증가 감소 판단

함수 $f(x)$가 정해진 구간에서 미분이 가능하면
(1) $f'(x) > 0$이면 $f(x)$는 정해진 구간에서 증가함수
(2) $f'(x) < 0$이면 $f(x)$는 정해진 구간에서 감소함수

등산을 할 때 산길의 기울기를 실시간으로 알려주는 스마트 기기를 가지고 있다고 상상해 보자. 이 기기는 함수 $f(x)$의 도함수 $f'(x)$와 같은 역할을 한다.

만일 기기가 양수 값을 보여준다면, 걷고 있는 길은 오르막이라는 뜻이며, 이는 곧 고도(함수값)가 계속 높아지고 있다는 의미이다. 즉, $f'(x) > 0$이면 함수 $f(x)$는 증가한다.

반대로 기기가 음수 값을 보여준다면 내리막길이라는 뜻이며, 이는 곧 함수 $f(x)$가 감소한다는 의미이다.

따라서 도함수는 마치 산길의 기울기를 알려주는 '경사계'처럼, 함수가 어느 방향으로 움직이고 있는지를 알려주는 중요한 지표가 된다.

실제로 함수 그래프를 그릴 때도 이 원리를 이용하여 함수의 증가와 감소 구간을 판단한다.

등산길에서 오르막이 끝나고 내리막이 시작되는 산의 최고봉이나, 내리막이 끝나고 다시 오르막이 시작되는 계곡의 최저점을 만나게 되는데, 바로 이 지점들이 함수에서 극값이 되는 지점이다.

극값은 도함수의 부호가 양수에서 음수로 바뀌는 지점(극댓값)이나, 음수에서 양수로 바뀌는 지점(극솟값)을 말한다. 이러한 극값 지점에서는 도함수 $f'(x)$의 값이 0이 되거나, 경우에 따라 뾰족한 함수처럼 미분이 불가능할 수 있다.

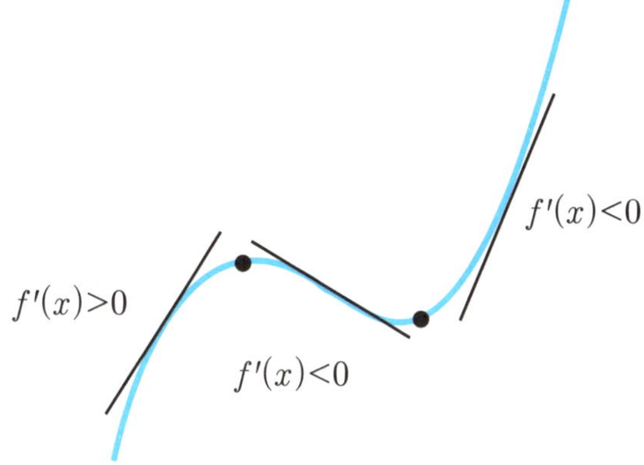

$f'(x)>0$은 증가함수이고, $f'(x)<0$은 감소함수인 것을 그래프로 알 수 있다.

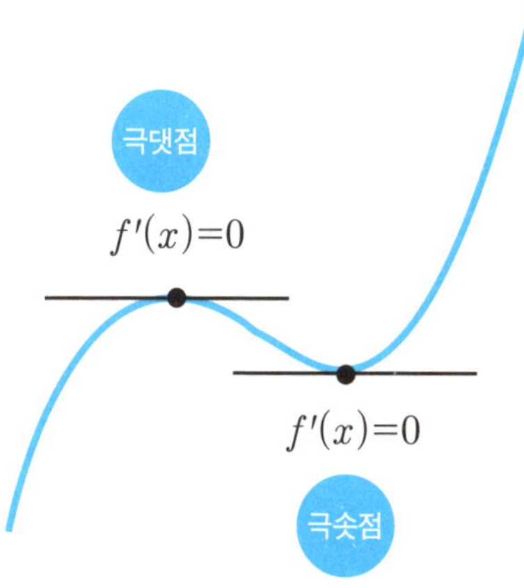

$f'(x)=0$인 두 점에서 왼쪽에는 극댓점이 오른쪽에는 극솟점이다.

극값 찾기

극값을 찾기 위해 우선 $y=x^2$라는 간단한 이차함수를 생각하자. $x=0$일 때 기울기의 변화를 알기 위해 이 함수를 한 번 미분하면 $y'=2x$가 되고, 여기서 $f'(0)=0$이다. 그런데 두 번 미분하면 $f''(0)=2$로 상수이며 양수이다. 이로써 한 번 미분했을 때 0이고 두 번 미분했을 때 양수이므로, 기울기가 그 점 근처에서 증가한다는 것을 알 수 있다. 그래서 이 점에서 극솟값을 가진다.

이번에는 $y=-x^2$를 보자. 이 경우는 두 번 미분하면 -2로 음수가 되어, 기울기가 감소하므로 극댓값이 된다. 함수의 극점을 정확히 찾기 위해서는 한 번 미분하여 기울기가 0인 점을 찾고, 그 점에서 두 번 미분하여 값의 부호로 극댓점인지 극솟점인지를 판단한다.

함수의 극대와 극소를 자세히 알아보는 이유는 그래프를 직접 그려보면서 함수의 모양과 변화를 눈으로 확인하고 이해하기 위해서이다. 즉, 숫자나 공식만으로는 쉽게 와닿지 않는 함수의 '생생한 움직임'을 시각적으로 체험해서 개념을 더 확실하게 잡기 위해서이다.

이렇게 그래프로 생생하게 느껴보면 미분이 훨씬 재미있어지고, 복잡한 미분 개념도 쉽게 꿰뚫을 수 있다. 그러니까 극값 공부는 단순한 계산이 아니라 그래프라는 '함수의 이야기'를 보는 시간인 셈이다.

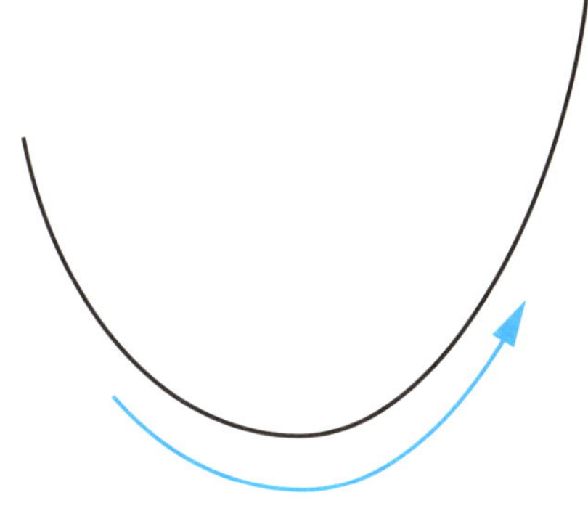

$f''(x)>0$이면 아래로 볼록 → 극솟값을 갖는다

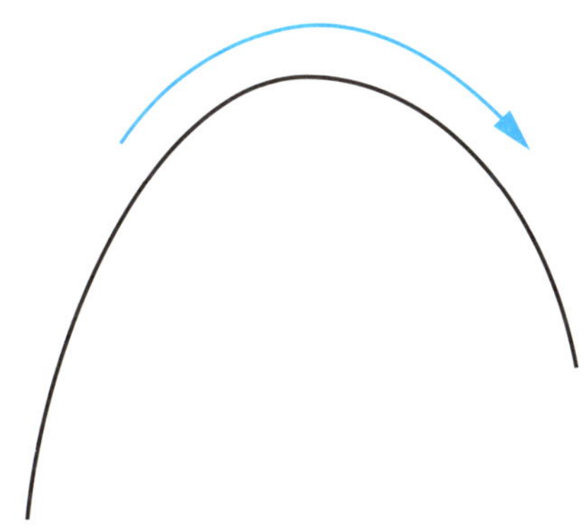

$f''(x)<0$이면 위로 볼록 → 극댓값을 갖는다

항목	$f''(x)>0$인 경우	$f''(x)<0$인 경우
곡선 모양	아래로 볼록	위로 볼록
기울기 변화	$f'(x)$가 증가	$f'(x)$가 감소
함수의 증감 관계	함수가 증가하면 증가속도는 증가, 감소할 때는 속도가 완만해짐	함수가 증가하면 증가 속도는 완만해지며, 감소할 때 감소 속도 증가
곡률	양의 곡률	음의 곡률
그래프 모양 설명	그래프가 아래로 휘어진다. 접선과 만나는 점에서 함수가 더 위로 위치	그래프가 위로 휘어진다. 접선과 만나는 점에서 함수가 더 아래로 위치
변곡점 근처 특성	변곡점에서 $f''(x)$가 음에서 양으로 변하여, 아래로 볼록으로 변함	변곡점에서 $f''(x)$가 양에서 음으로 변하여, 위로 볼록으로 변함
예시	$y=e^x, y=x^2$	$y=-x^2, y=-e^{-x}$

증감표

증감표 : 함수의 증가와 감소, 극값의 위치를 찾아내는 표

  미분 과정이 다소 번거롭게 느껴질 수도 있지만, 그래프의 개형을 확인할 때 증감표가 큰 도움이 된다.

  증감표는 함수의 증가와 감소, 극값의 위치를 찾아내고, 여러분이 구한 도함수와 변곡점의 위치도 알아내서 분석하는 데 수월한 표이다. 그래서 이리저리 미분을 계산하고 그래프를 그리다 보면 실수도 많이 하는데, 증감표로 정리하면 여러분의 생각도 체계적으로 구성되고 보기도 좋을 수 있다.

  증감표는 모눈종이의 눈처럼 자를 대고 칸 몇 칸을 선으로 그은 후 작성한다.

  가장 위 칸에는 x를, 두 번째 칸에는 $f'(x)$를, 세 번째 칸에는 $f''(x)$를, 마지막 칸에는 $f(x)$를 나타낸다. 그리고 맨 윗쪽의 왼쪽 끝에는 음의 무한대$(-\infty)$의 표시로 점 세 개$(\cdots)$로 표시한다. 이것을 음의 무한대 기호로 나타내도 좋다.

  그리고 오른쪽 끝에도 양의 무한대$(+\infty)$로 점 세 개$(\cdots)$로 표시한다. 증감표를 작성할 때는 도함수의 부호 변화와 함수의 증가와 감소 구간을 정확히 파악해야 하며, 이로 인해 그래프의 개형을 보다 명확하게 이해할 수 있다.

  예를 들어 $y=-x^3+3x-1$의 그래프를 예시로 하여 증감표를 나타내 보면 오른쪽 페이지에 참고가 될 것이다. 이 함수의 도함수는 $f'(x)=-3x^2+3$이고, 변곡점은 $(0,\ -1)$인 것을 알 수 있으며, 변곡점의 특징인 흐름의 변환을 파악할 수 있다.

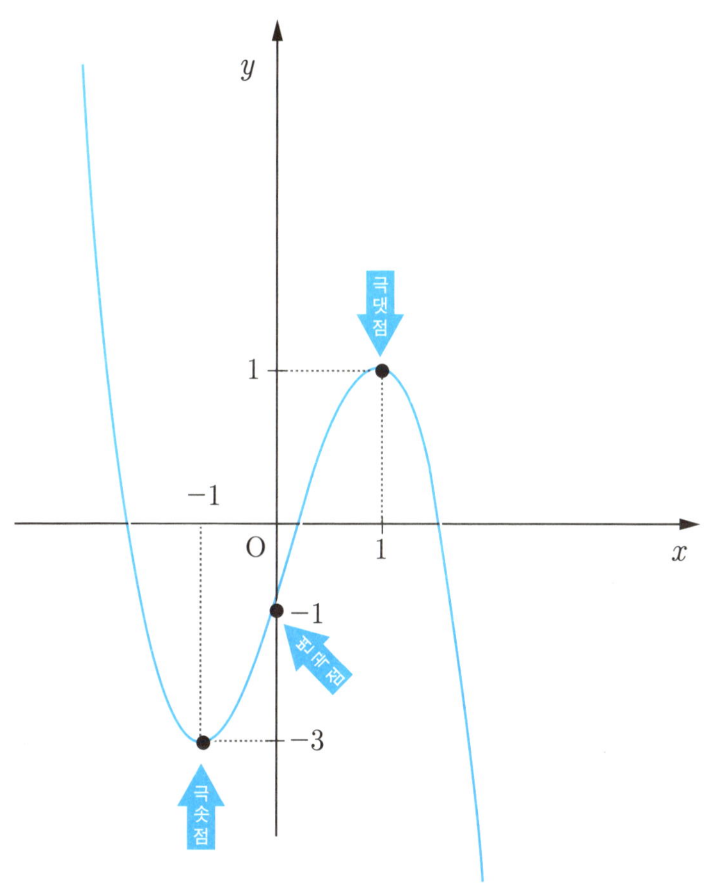

x	$\cdots$	-1	$\cdots$	0	$\cdots$	1	$\cdots$
$f'(x)$	$-$	0	$+$	$+$	$+$	0	$-$
$f''(x)$	$+$	$+$	$+$	0	$-$	$-$	$-$
$f(x)$	$\searrow$	-3	$\nearrow$	-1	$\nearrow$	1	$\searrow$

$y=-x^3+3x-1$의 증감표

접선의 방정식

$$y=f'(a)(x-a)+f(a)$$

함수의 접선을 데이트에 비유하면, 함수는 사람의 성격이고 미분은 첫인상이라고 할 수 있다. 접선은 함수가 특정 점에서 가장 솔직하게 드러내는 모습이다.

함수 $y=2x^3+1$에서 $x=1$일 때의 접선을 구해보자.

먼저 함수값을 계산하면 $f(1)=2 \cdot 1^3+1=3$이므로 접점은 $(1, 3)$이다.

이제 함수의 기울기를 알기 위해 미분하면 $f'(x)=6x^2$이고, $x=1$일 때 $f'(1)=6$이 된다.

따라서 접선의 방정식은 $y=f'(1)(x-1)+f(1)$이므로 정리하면 $y=6x-3$이다.

즉, 함수는 $x=1$에서 기울기 6인 직선을 그으며, 그 모습이 함수의 가장 진지한 첫인상, 바로 접선이다.

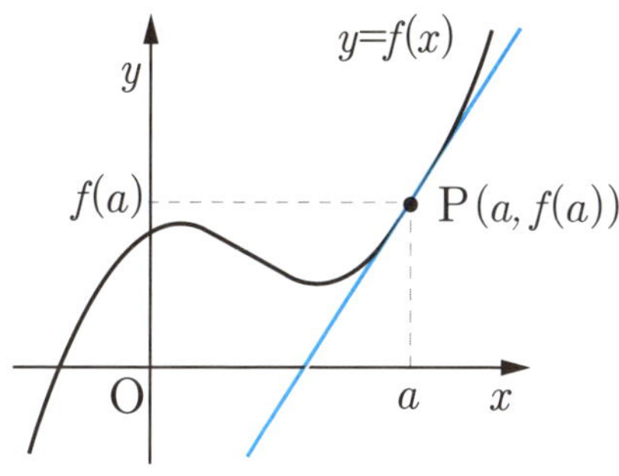

$$y=f'(a)(x-a)+f(a)$$

함수 $f(x)$의 $x=a$에서 접선의 방정식 그래프

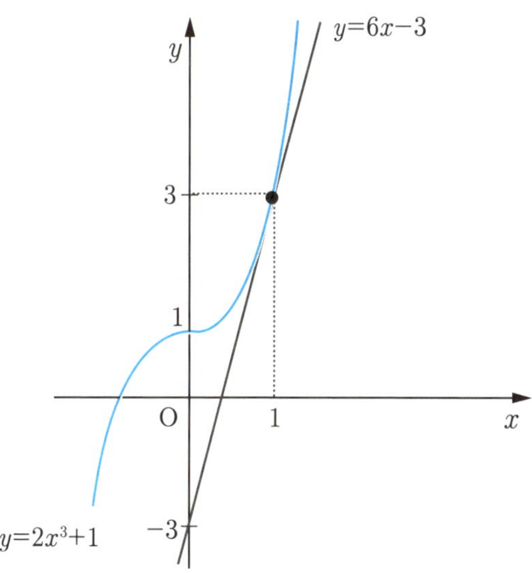

$$y=f'(1)(x-1)+f(1)$$

$$=6\cdot(x-1)+3$$

$\therefore$ 접선의 방정식 $y=6x-3$

미분에 대한 해석 (1)

원의 넓이 $S=\pi r^2$을 반지름 r에 대해 미분하면 원의 둘레 $l=2\pi r$이 된다.

과연 그런지 여러분은 어리둥절할 수 있다. 초등학교 6학년 수학에서는 원의 넓이와 둘레 공식이 어떻게 유도되는지 깊이 이해하지 못한 채 공식만 외워서 수학 문제를 풀었을 수 있다.

그러나 미적분학을 배운다면, 원의 넓이를 미분하면 원의 둘레가 나온다는 사실에 흥미를 가질 수 있다.

자, 그러면! 원의 넓이 공식에서 반지름 r에 대한 넓이의 변화율을 살펴보자. 그림으로 생각하면, 반지름 r을 아주 조금 만큼 늘릴 때 원의 넓이가 증가하는 부분은 얇은 고리 모양임을 알 수 있다.

$$\frac{dS}{dr} = \frac{d}{dr}\pi r^2 = 2\pi r$$

이 미분은 간단하게 계산된다. 수학적 수식 역시 언어처럼 해석하면 의외로 잘 이해가 된다. 이 식은 반지름 r을 아주 조금 늘리면, 넓이의 변화율 $\left(\dfrac{dS}{dr}\right)$이 그 반지름에서의 원의 둘레와 같다는 의미로 해석된다.

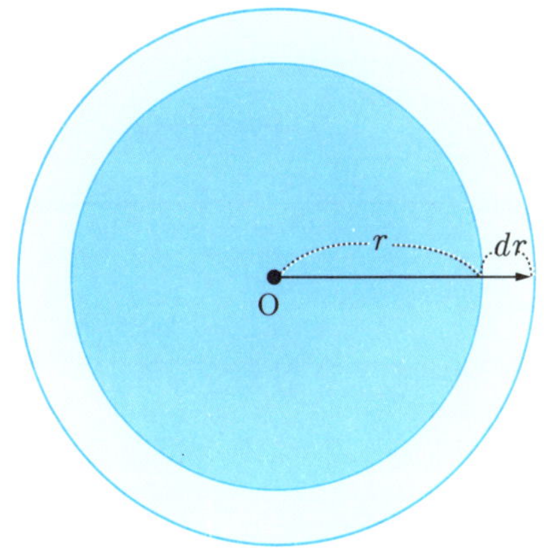

원의 넓이의 $\dfrac{\text{순간 변화율}}{\text{미분}}$ = 원의 둘레

$$\frac{dS}{dr} = \frac{d}{dr}\pi r^2 = 2\pi r$$

이것도 함께!

구의 부피의 $\dfrac{\text{순간 변화율}}{\text{미분}}$ = 구의 겉넓이

$$\frac{dV}{dr} = \frac{d}{dr}\left(\frac{4}{3}\pi r^2\right) = 4\pi r^2$$

반지름의 길이를 아주 조금 늘리면, 그만큼 늘어난 부피는 겉넓이와 거의 같아지게 된다. 부피 증가량 ≈ 겉넓이 × (늘어난 반지름의 길이)

> 거리를 미분→속도!
> 속도를 미분→가속도!

거리,속도,가속도 관계는 사실 운동의 삼총사처럼 붙어 다닌다.

거리를 시간에 대해 미분하면 속도가 되고, 속도를 다시 미분하면 가속도가 된다.

즉 위치 그래프의 기울기가 속도이며 속도 그래프의 기울기가 가속도다. 이동거리와 변위도 재미있게 구분할 수 있다.

이동거리는 실제로 걸어간 발자국 수처럼 항상 양수이고, 변위는 출발점과 도착점 사이의 직선 거리라서 방향에 따라 플러스도 되고 마이너스도 된다.

예를 들어 A에서 B까지 갔다가 다시 A로 돌아오면 이동거리는 왕복한 길이지만 변위는 0이다. 그래서 '얼마나 움직였나'를 알고 싶으면 이동거리, '어디로 옮겨갔나'를 알고 싶으면 변위를 본다.

그래프로 보면 더 직관적이다. 위치 그래프는 시간에 따라 올라가는 곡선, 그 기울기가 속도다. 속도 그래프는 직선이나 곡선으로 나타나고, 그 기울기가 가속도다. 가속도 그래프는 일정하면 평평한 선, 변하면 곡선이다.

결국 이 셋은 서로 톱니처럼 맞물려서 물체의 움직임을 보여주고, 그래프를 보면 마치 달리기 게임처럼 '얼마나 갔나, 얼마나 빨라졌나, 얼마나 더 힘을 주나'를 한눈에 알 수 있다.

이동거리와 변위

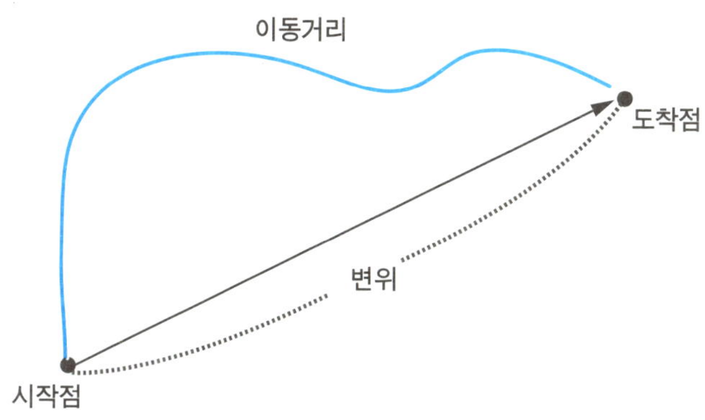

이동거리와 변위의 차이점

	이동거리	변위
정의	실제로 걸어간 길이의 총합	출발점과 도착점 사이의 직선 거리
값의 성격	항상 0이상으로 음수는 없음	양수와 음수, 0 모두 가능
방향성	방향 고려 없음	방향 고려함
예시	$A \rightarrow B \rightarrow A$ 갔다면 $A \rightarrow B + B \rightarrow A$	같은 경우 변위는 0
비유	만보기 앱에 찍힌 걸음수	지도 앱에 찍힌 최종 위치 편
질문으로 표현	"얼마나 걸었을까?"	"어디까지 갔어?"

자동차가 0초부터 6초까지 달리는 모습을 그래프로 본다고 상상해보자. 마치 레이스 게임을 보는 것처럼 세 구간이 뚜렷하게 나뉜다. 0초에서 2초까지는 차가 '출발!' 하며 점점 속도를 올리는 구간이다. 속도 그래프는 점점 가팔라지고, 가속도 그래프는 양수로 나타나면서 "지금 빨라지고 있어!"라고 말해준다.

2초에서 4초까지는 차가 안정적으로 달리는 구간이다. 속도는 일정하게 유지되고, 가속도는 0으로 딱 멈춰 있다. 위치 그래프는 일정한 기울기의 직선으로 쭉 올라가는데, 이건 "꾸준히 달리고 있어"라는 신호다.

마지막 4초에서 6초는 조금 드라마틱하다. 차가 점점 느려지면서 감속을 시작한다. 속도 그래프는 내려가는 곡선으로 바뀌고, 가속도 그래프는 음수로 떨어지며 "이제 속도가 줄어드는 중이야"라고 알려준다. 위치 그래프는 여전히 올라가지만 점점 덜 가파르게 변해, 차가 앞으로는 가지만 예전만큼 빠르지는 않다는 걸 보여준다.

결국 세 그래프를 함께 보면 자동차의 움직임이 한 편의 이야기처럼 펼쳐진다. 출발선에서 힘차게 가속 → 안정된 등속 → 마지막엔 감속으로 마무리한다. 그래프가 단순한 선이 아니라, 차의 모험을 그려주는 만화 같은 장면이라고 생각하면 훨씬 재미있게 이해할 수 있다.

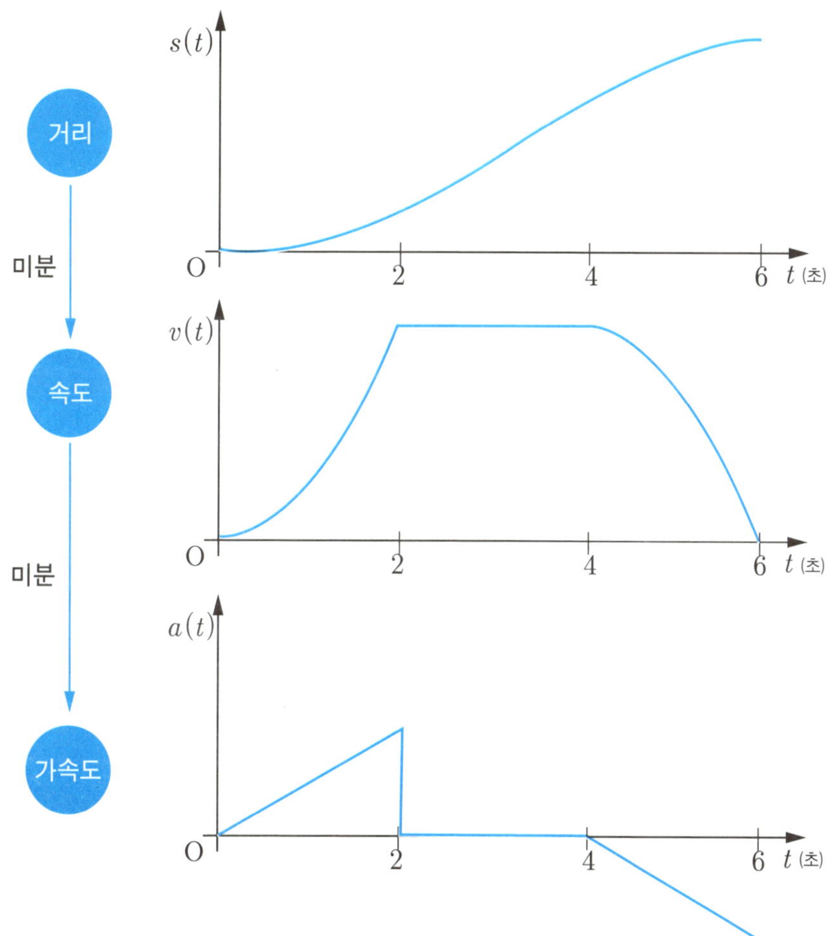

거리, 속도, 가속도를 한번에 보여주는 3개의 그래프

E=hν
X
Y
f(x)x-1
E
sin²α+cos²α=1
²-4ac
a
t
π=3
C
B
A

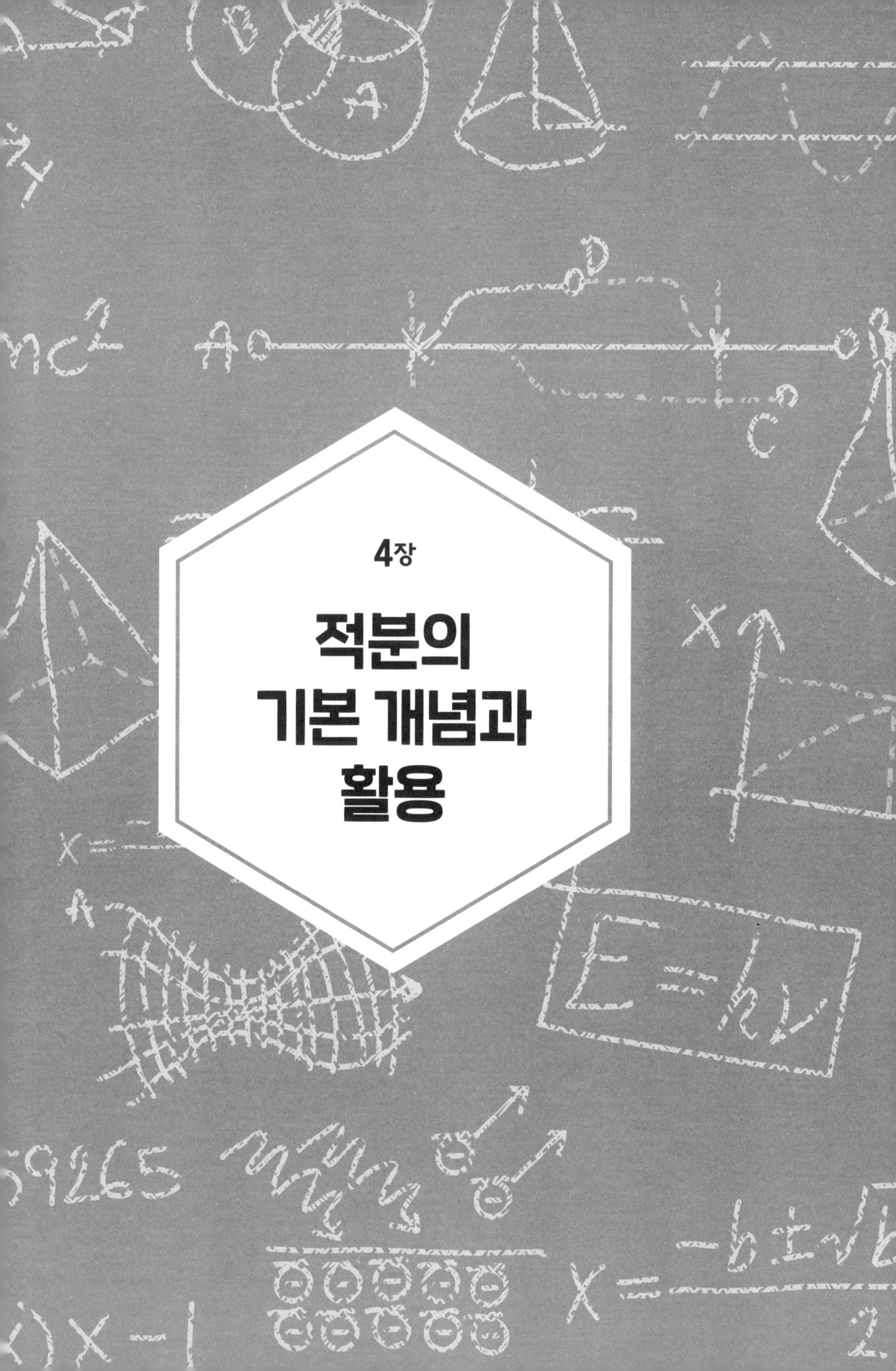

4장
적분의
기본 개념과
활용

적분의 계산

$$\int x^n dx = \frac{x^{n+1}}{n+1} + C \,(n \neq 1)$$

적분법은 함수가 나타내는 변화의 양을 누적해 전체의 크기나 양을 구하는 방법이다. 다시 말해 미세한 조각들을 하나로 모아 전체를 만들어 내는 과정이라 할 수 있다.

적분의 기본 공식 중 가장 널리 쓰이는 것은 $\int x^n dx = \frac{x^{n+1}}{n+1} + C$ 이다. 이 식은 x의 거듭제곱 형태의 함수를 적분할 때 사용되는 기본 법칙으로, 지수를 하나 늘리고 그 새로운 지수로 나누어 주는 것이 핵심이다. 이때 $\int$ 기호 뒤에 오는 식을 피적분 함수라고 한다. 적분을 계산하는 기준이 되는 변수를 적분 변수라고 하며, $\int f(x)\,dx$에서는 x가 적분 변수이다.

적분의 결과로 얻어지는 새로운 함수를 원시 함수라고 부르는데, 이는 미분했을 때 원래의 피적분 함수가 되는 함수이다.

적분 결과에는 항상 적분 상수 C가 따라오는데, 미분 과정을 거치면 상수항은 사라지기 때문에 그 사라진 정보를 복원하기 위해 더해준다.

따라서 적분은 미분과 서로 반대 방향의 연산, 즉 역연산 관계에 있다. 미분이 순간적인 변화를 구하는 과정이라면, 적분은 그 변화가 쌓인 총합을 구하는 과정이라고 할 수 있다. 이 관계를 실제 예시로 살펴보면 이해가 더욱 명확해진다.

$$x^n \xrightarrow{\text{적분}} \frac{1}{n+1}x^{n+1} + C$$

$$\int x^n dx = \frac{1}{n+1}x^{n+1} + C$$

적분 공식과 적분법을 수식으로 나타낸 것

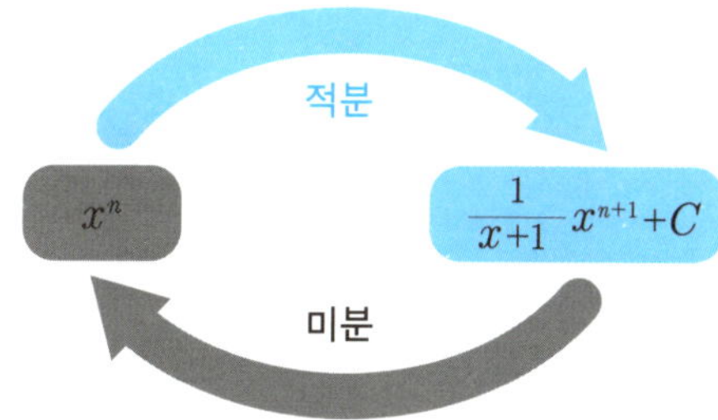

미분과 적분간의 관계(역연산 관계)

함수 $y=4x^3+3x^2+6$을 적분한다는 것은 이 식의 변화를 되짚어 전체 흐름을 구하는 과정이다. 적분의 기본 공식은 $\int x^n dx = \dfrac{x^{n+1}}{n+1}+C$로, 지수를 하나 올리고 그 값으로 나누면 된다.

이를 식에 적용하면, 첫 번째 항 $4x^3$은 $4 \times \dfrac{1}{3+1}x^{3+1} = x^4$, 두 번째 항 $3x^2$은 $3 \times \dfrac{1}{2+1}x^{2+1} = x^3$, 마지막 상수 6은 $6x$가 되어 결과는 x^4+x^3+6x이다.

여기에 항상 더해야 하는 적분 상수 C를 붙이면, 최종 결과는 x^4+x^3+6x+C이다.

이제 이를 검산하기 위해 다시 미분하면, $4x^3+3x^2+6$이 나와 원래의 함수로 돌아온다.

이로써 적분이 미분의 역연산임을 확인할 수 있다. 미분이 순간의 변화를 본다면, 적분은 그 변화가 누적된 전체를 보여준다. 둘은 방향은 다르지만 서로를 완성하는 쌍둥이 연산이다.

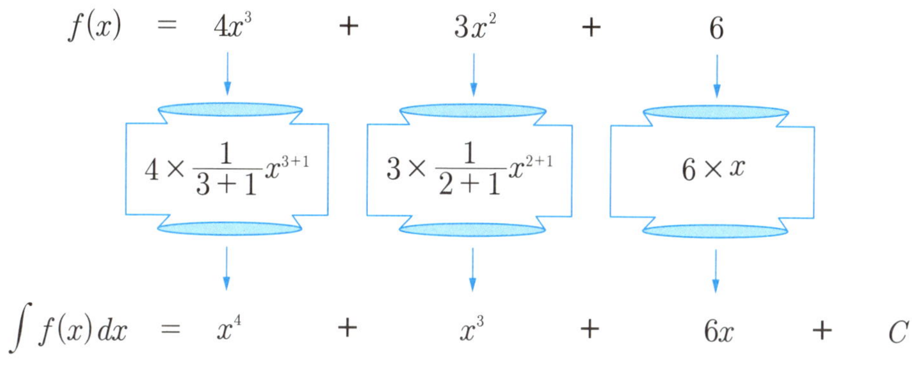

$y=4x^3+3x^2+6$의 적분인 $\displaystyle\int (4x^3+3x^2+6)\,dx$의 계산 과정

삼각함수의 적분

$$(1) \int \sin x \, dx = -\cos x + C$$

$$(2) \int \cos x \, dx = \sin x + C$$

$$(3) \int \sec^2 x \, dx = \tan x + C$$

삼각함수의 대표적인 세 가지 공식은 미분과 적분에서 서로 역의 관계에 있지만, 적분할 때 부호가 반대가 되는 경우가 있어 혼동하기 쉽다. 그래서 먼저 미분 공식을 정확히 알고 외우면, 적분할 때 틀리더라도 쉽게 생각해 낼 수 있다.

예를 들어 $\sin x$를 미분하면 $\cos x$가 되는데, $\sin x$를 적분할 때는 $-\cos x$가 되어야 한다는 사실을 종종 놓친다.

그 이유를 살펴보면 $\cos x$를 미분하면 $-\sin x$가 되므로, 양변에 적분 기호를 붙이면 $\cos x + C = \int(-\sin x)dx$가 된다. 여기서 식을 정리하면 $\int \sin x \, dx = -\cos x + C$가 되어 적분 때 부호가 바뀌는 이유를 알 수 있다.

같은 방식으로, $\sin x$의 미분이 $\cos x$라는 것을 이용해 양변에 적분 부호를 붙이면, $\sin x + C = \int \cos x \, dx$가 되어 $\int \cos x \, dx = \sin x + C$임을 증명할 수 있다.

마지막으로, $\tan x$의 미분이 $\sec^2 x$라는 것을 알면 $\int \sec^2 x \, dx = \tan x + C$ 적분 공식도 자연스럽게 이해할 수 있다. 이처럼 삼각함수의 적분은 미분 공식을 거꾸로 따라가며 부호까지 정확하게 맞춰야 올바르게 상기할 수 있다.

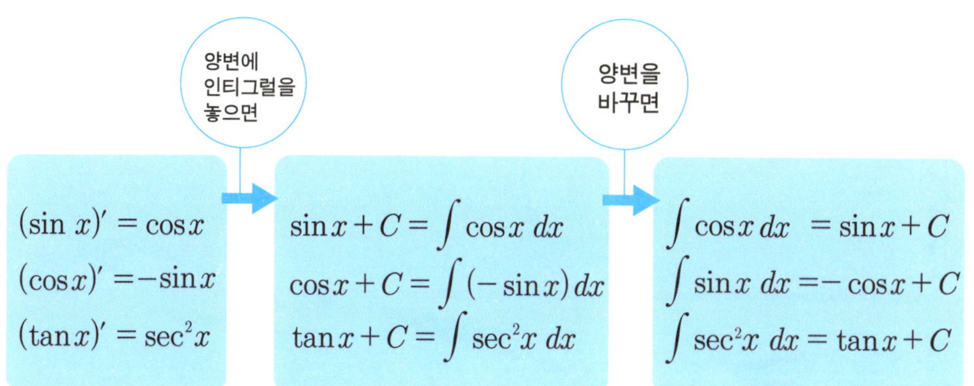

삼각함수의 적분 증명 과정

알아두면 좋은 우공이산의 비결! 삼각함수의 또 다른 세 가지 공식

$$\int \csc^2 x\, dx = -\cot x + C$$

$$\int \sec x \tan x\, dx = \sec x + C$$

$$\int \csc x \cot x\, dx = -\csc x + C$$

46 지수함수의 적분

$$\int a^x \, dx = \frac{a^x}{\ln a} + C$$

자연상수 e를 밑으로 하는 지수함수 e^x는 미분해도, 적분해도 자기 자신이 되는 매우 독특한 함수이다.

즉, $\dfrac{d}{dx} e^x = e^x$이고, $\int e^x \, dx = e^x + C$이다. 이는 e^x가 변화율과 누적 변화량이 완전히 일치하는 성질을 가지고 있기 때문이며, 이로 인해 자연계 여러 현상을 설명하는 데 중요한 함수가 된다.

한편, 밑이 a인 지수함수 a^x는 미분하면 $\dfrac{d}{dx} a^x = a^x \ln a$가 되며, 이 성질을 이용해 적분하면 $\int a^x = \dfrac{a^x}{\ln a}$라는 공식이 나온다. 이 적분 공식은 미분 공식 $(a^x)' = a^x \ln a$에서 양변에 적분 기호를 붙이고 부호를 옮기는 방식으로 충분히 증명할 수 있다.

즉, $a^x + C = \int a^x \ln a \, dx$이고, 이를 정리하면 $\int a^x \, dx = \dfrac{a^x}{\ln a} + C$가 된다.

흥미롭게도, e^x는 이러한 로그함수의 성질을 이용해 정의되며, e가 자연로그의 밑으로서 가지는 의미 때문에 미분과 적분이 모두 같은 결과가 나오는 유일한 지수함수이다. 다른 밑을 가진 지수함수는 $\ln a$라는 고유한 요인 때문에 추가적인 계수가 생기는 반면, e^x는 그런 불편함이 없다.

이처럼 e^x는 수학과 자연 현상을 연결하는 다리 역할을 한다. 물리학에서 복잡한 운동, 생물학에서 개체 수 증가, 금융에서 복리 이자 계산 등 다양한 분야에서 e^x가 중심적인 역할을 하는 이유가 여기에 있다.

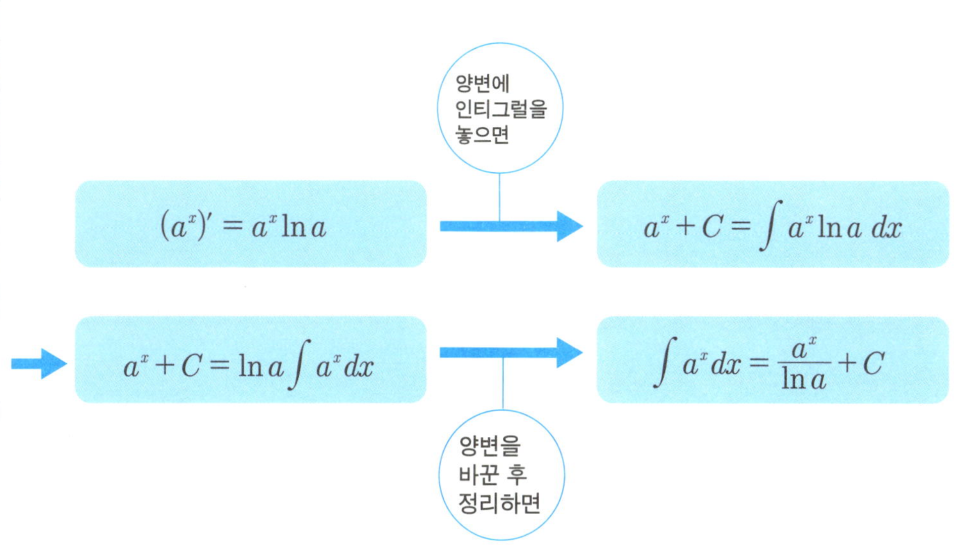

지수함수 $y = a^x$의 적분 증명 과정

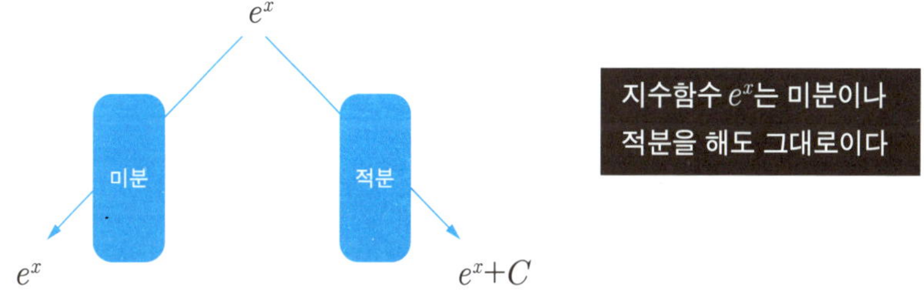

미분이나 적분을 해도 e^x로 그대로인 지수함수 e^x

유리함수 $\dfrac{1}{x}$ 의 적분

$$\int \frac{1}{x}\,dx = \ln|x| + C$$

유리함수는 두 다항식의 비로 나타낸 분수함수이다. 그중 가장 간단한 형태인 $\dfrac{1}{x}$ 은 유리함수의 대표적인 예로, 적분에서도 무척 중요한 역할을 한다.

이 함수의 적분 결과는 놀랍게도 자주 등장하는데, 적분을 조금이라도 공부했다면 $\int \dfrac{1}{x}\,dx = \ln|x| + C$ 정도는 반드시 기억하고 있어야 할 만큼 유명한 공식이다.

혹시 여러분 중에는 "이건 로그함수와 관련된 적분공식 아닌가요?"라고 질문할 수도 있다.

그렇다. 이 공식은 $\ln x$ 의 미분 결과에서 거꾸로 유도된 것이다. 즉, $(\ln x)' = \dfrac{1}{x}$ 이므로, 이를 뒤집으면 $\int \dfrac{1}{x}\,dx = \ln|x| + C$ 가 된다.

형태는 단순하지만 자주 쓰이며, 자연로그함수와 적분의 관계를 파악하는 데 중추적 역할을 하며 매우 많은 수학 분야에서 등장하는 공식이기 때문에 이 기본 공식은 꼭 기억해두길 바란다.

질문으로 더 쉽게 이해하기

질문

왜 $\int \frac{1}{x}dx = \ln|x|+C$ 에서 절댓값을 붙였는가?

답변

여기서 $\ln|x|$가 쓰이는 이유는, x가 음수일 때도 로그함수의 적분이 성립하도록 하기 위해서이다. 절댓값을 붙이면 x가 양수이든 음수이든 적분 결과가 모두 성립하게 되어, $x=0$을 제외한 모든 값이 적분에 적용될 수 있다.

48 일차식의 거듭제곱 적분

$$\int (ax+b)^n\,dx = \frac{1}{a}\cdot\frac{1}{n+1}(ax+b)^{n+1}+C$$

일차식의 거듭제곱을 적분하는 공식은 처음 접하면 조금 까다롭게 느껴질 수 있다. 공식이 복잡해 보이는 것도 한몫할 것이다. 이 때문에 처음에는 식을 보고 당황하기도 하지만, 사실 이 공식은 부정적분에서 매우 자주 활용되므로 익혀두면 많은 도움이 된다.

공식이 한 번에 눈에 들어오지 않는다면, 예제를 직접 풀어보는 것이 이해를 높이는 좋은 방법이다.

그러므로 공식을 증명할 때는, 우변의 식을 미분하여 좌변의 피적분함수 $(ax+b)^n$ 이 되는지를 확인하는 방식이 자주 사용된다. 적분은 미분과 역연산이므로, 공식의 우변을 미분해서 원래 식으로 돌아가면 증명이 되는 셈이다.

예를 들어 $\int (2x+1)^2\,dx$ 와 같은 문제는 $\int (2x+1)^2\,dx = \frac{1}{2}\cdot\frac{1}{2+1}(2x+1)^{2+1}+C$ $= \frac{1}{6}(2x+1)^3+C$ 로 풀 수 있다.

이 공식은 n 이 더 커지거나 작아지더라도 일차식의 거듭제곱 형태라면 모두 적용할 수 있다. 가장 중요한 점은, 적분의 공식이 괄호 안의 식이 반드시 일차식임을 전제로 한다는 것이다. 예를 들어 $\int (x^3+5)^3\,dx$ 또는 $\int (x^7-6x)^4$ 는 괄호 안의 식이 3차식이나 7차식이므로 위 공식을 적용할 수 없다.

$\displaystyle\int (ax+b)^n\,dx = \frac{1}{a}\cdot\frac{1}{n+1}(ax+b)^{n+1}+C$ 증명 과정

$$\frac{d}{dx}\left(\frac{1}{a}\cdot\frac{1}{n+1}(ax+b)^{n+1}+C\right)$$

겉미분 속미분

$$=\frac{1}{a}\cdot\frac{1}{n+1}\cdot(n+1)(ax+b)^{n}(ax+b)'$$

$$=\frac{1}{a}\cdot\frac{1}{n+1}\cdot(n+1)(ax+b)^{n}\cdot a$$

서로 약분하면

$$=(ax+b)^{n}$$

따라서 $\displaystyle\int (ax+b)^n\,dx = \frac{1}{a}\cdot\frac{1}{n+1}(ax+b)^{n+1}+C$

치환적분법

$$g(x) = t\text{로 놓으면} \int f(g(x))g'(x)\,dx = \int f(t)\,dt$$

치환적분은 복잡한 함수를 더 쉽게 계산할 수 있는 형태로 바꾸는 중요한 적분 방법이다. 이는 마치 흰개미(원래 함수)가 나무(적분)를 소화하기 어려운 경우, 원생생물(치환 변수)인 t를 도입하여 나무를 소화 가능한 영양분으로 바꾸는 것과 같다. 이렇게 함으로써 복잡한 적분 문제를 해결하는 데 큰 도움을 준다.

치환적분의 핵심은 적분하고자 하는 함수 $f(x)$가 합성함수의 형태로 $f(g(x))g'(x)$와 같이 나타날 때, 내부 함수 $g(x)$를 새로운 변수 t로 설정하는 것에서 시작한다.

이처럼 $t = g(x)$로 치환함으로써, 적분 변수를 x에서 t로 완전히 바꾸어 주는 것이 치환적분의 본질이다.

이 과정을 통해 x에 관한 식을 t에 관한 식으로 바꾸기 위해서는 무한소 변환이 필수적이다. $t = g(x)$의 양변을 x에 대해 미분하면 $\dfrac{dt}{dx} = g'(x)$가 되므로, $dt = g'(x)dx$라는 관계를 얻는다. 이 관계는 원래 적분식에 있던 $g'(x)dx$ 부분이 통째로 dt로 바뀌게 하여, 복잡했던 $\int f(g(x))g'(x)\,dx$ 형태를 $\int f(t)\,dt$로 간단하게 바꾼다.

따라서, $\int \dfrac{\ln x}{x}\,dx$와 같은 문제를 계산할 때는 $\ln x = t$로 치환하여 $\dfrac{1}{x}dx = dt$임을 이용하면, 원래 식은 $\int t\,dt$로 변환되어 쉽게 $\dfrac{1}{2}t^2 + C$라는 결과를 얻는다. 최종적으로 t 대신 $\ln x$를 다시 대입하여 적분을 계산하면 $\dfrac{1}{2}(\ln x)^2 + C$이다.

이처럼 치환적분은 합성함수의 미분법을 역으로 적용한 것이라고 이해할 수 있다.

치환적분 과정

1. 치환 설정 : $t = \ln x$로 놓는다.

2. 미분 : 양변을 x에 대해 미분한다.

$$\frac{dt}{dx} = \frac{1}{x}$$

3. 무한소 변환 : dt와 dx의 관계를 구한다.

$$dt = \frac{1}{x}dx$$

4. 변수 변환 및 적분 : 원래의 적분 식을 t에 관한 식으로 바꾼다.

$$\int \frac{\ln x}{x}dx = \int \frac{\ln x}{1}\left(\frac{1}{x}dx\right)$$
$$= \int t \cdot dt$$
$$= \frac{1}{2}t^2 + C$$

5. 원래 변수 대입 : $t = \ln x$를 다시 대입한다.

$$\frac{1}{2}(\ln x)^2 + C$$

부분적분

$$\int uv' = uv - \int u'v$$

부분적분의 주요 목적은 직접 풀기 어려운 두 함수의 곱 적분을 더 간단한 형태로 바꿔 해결하는 것이다. 미분의 곱의 공식을 적분으로 역이용해 복잡한 로그나 다항식 곱을 단순화하며, 물리나 공학 문제에서 자주 쓰인다.

곱의 미분 $(uv)' = u'v + uv'$에 적분을 씌우면 $\int uv' = uv - \int u'v$ 공식이 나온다. '형님 먼저 아우 먼저'는 u(미분 대상)를 먼저, v'(적분 대상)을 나중에 선택하라는 팁으로, 적분 후 '나중 얘기 들어보세' $\int uv'$ 흐름을 떠올리면 쉽다.

u는 미분으로 간단해지는 함수(로다삼지 순: 로그·다항·삼각·지수)를, v'는 적분 쉬운 함수로 둔다. 반복 시 적분이 점점 단순해지도록 선택한다.

$\int \ln x\, dx$는 부분적분의 대표적인 예인데 $\ln x$는 $1 \cdot \ln x$이므로 $\ln x$를 u로, 1을 v'으로 선택하여 계산하면 $x\ln x - x + C$이다.

$$(uv)' = u'v + uv'$$

$$\int (uv)' = \int u'v + \boxed{\int uv'}$$

$$\int uv' = uv - \int u'v$$

부분적분법 유도 방식 − (괄호 안은 외우기 편하게 리듬)

$$\int \ln x \, dx$$

$$= \int \ln x \cdot 1 \, dx = \ln x \cdot x - \int \frac{1}{x} \cdot x \, dx$$

$$= x \ln x - x + C$$

부분적분 $\int \ln x \, dx$ 의 풀이 예

정적분

$$\int_a^b f(x)\,dx = \left[F(x)\right]_a^b = F(b) - F(a)$$

적분은 크게 두 가지로 나뉜다. 바로 부정적분과 정적분이다.

부정적분은 미분의 역연산으로, 함수의 원시함수를 구하는 과정이다. 즉, 어떤 함수 $f(x)$가 있을 때, 그 함수의 미분이 $f(x)$가 되는 함수 $F(x)$를 찾는 것이다. 이때 부정적분의 결과는 항상 적분상수 C를 포함하는데, 이는 원시함수가 무한히 많기 때문이다. 다시 말해, 부정적분은 특정 구간이 정해져 있지 않고, 모든 경우에 적용할 수 있는 공통된 공식을 나타낸다.

반면에 정적분은 적분 구간, 즉 시작점 a와 끝점 b가 정해진 적분이다. 정적분의 목적은 함수 그래프와 정해진 구간을 계산하는 것으로 구체적인 수치 값을 구하는 것이다.

이 과정에서는 부정적분에서 등장하는 적분상수 C가 서로 상쇄되어 최종 계산 결과에는 나오지 않는다. 그래서 정적분을 계산할 때는 적분상수를 고려하지 않는다.

부정적분과 정적분의 차이점

	부정적분	정적분
개념	미분의 역연산	적분 구간이 정해진 적분
목적	함수의 원시함수 $F(x)$ 를 구함	함수 그래프와 축으로 둘러싸인 적분을 계산
수식	$\int f(x)\,dx = F(x) + C$	$\int_a^b f(x)\,dx = F(b) - F(a)$
적분 구간	미정	시작점 a와 끝점 b
결과	원시함수 $F(x)$	구체적인 값
적분 상수C	포함함	계산도중 상쇄되어 포함하지 않음
사용되는 예	미분되기 전의 함수 형태를 찾는 경우	넓이나 부피 등 구체적 수치의 계산

☑ 하나 더!

정적분 계산과 넓이

정적분을 계산하면 넓이를 구한다고 설명하는 경우가 많지만, 이는 부분적으로만 맞다. 정적분은 단순히 넓이를 구하는 것이 아니라, 주어진 구간에서 함수값을 적분하여 그 변화량을 분석하는 과정이다.

따라서 정적분의 결과는 양수, 0 또는 음수가 될 수 있으며, 이러한 성격 때문에 정적분을 흔히 '부호 있는 넓이'라고 부른다.

왜 그럴까? 부정적분의 적분상수 C는 주어진 함수의 무수히 많은 원시함수 중 하나를 나타내기 위한 것이다.

어떤 함수의 부정적분을 구할 때 우리는 그 함수의 기울기가 같은 모든 원시함수의 집합을 표시하는 셈이다.

예를 들어 $f(x)=2x$의 부정적분은 x^2+C이며, C는 가능한 모든 상수값을 통해 여러 원시함수를 동시에 표현한다. 즉, 그래프로 보면 같은 모양의 곡선이 위아래로 이동한 여러 형태를 포함한다.

반대로 정적분은 일정 구간에서 함수 값이 얼마나 누적되었는지를 계산하는 과정이다. 다시 말해, 함수가 어떤 구간 동안 변화하거나 쌓인 양을 수치로 나타낸 것이다.

적분을 계산할 때는 시작점과 끝점에서 원시함수의 값을 구한 뒤, 그 차이를 계산한다. 다시 말하지만 이때 적분상수 C는 두 점에서 동일하게 포함되어 있기 때문에 서로 상쇄되어 사라진다. 따라서 정적분에서는 적분상수가 결과에 영향을 주지 않으며, 하나의 구체적이고 확정된 값이 나온다.

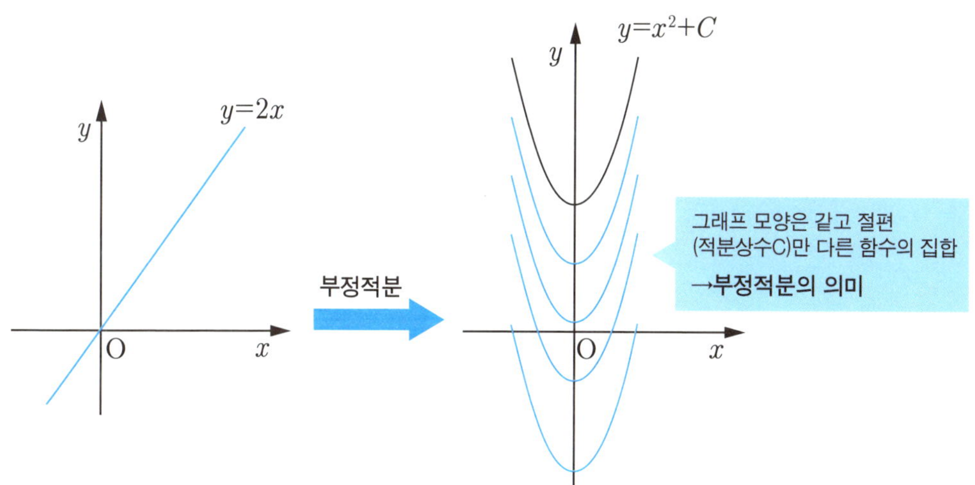

부정적분의 의미는 절편(적분상수C)만 다른 함수들의 집합이다.

$$\int_a^b f(x)\,dx = \left[F(x)\right]_a^b$$
$$= F(b) + C - \{F(a) + C\} = F(b) - F(a)$$

정적분의 계산과정에서 적분 상수 C는 상쇄된다.

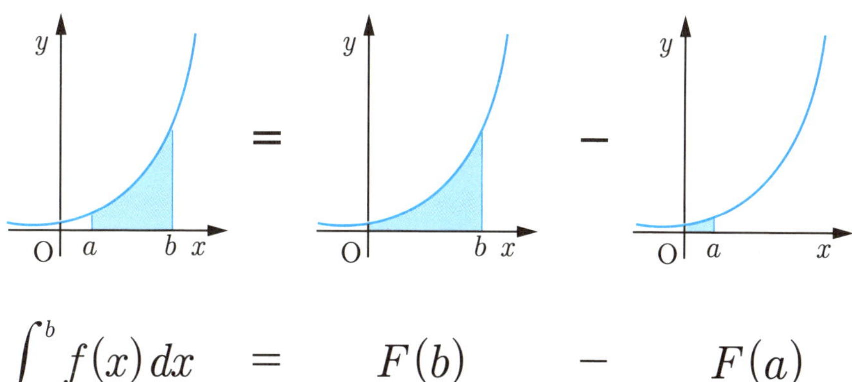

$$\int_a^b f(x)\,dx \quad = \quad F(b) \quad - \quad F(a)$$

52

정적분의 의미 (1)

부호 있는 넓이

정적분을 단순히 넓이로 이해하는 경우가 종종 있다. 이는 정적분과 넓이의 개념이 겉보기에는 비슷해 보이지만, 실제로는 중요한 차이가 있기 때문이다.

우선 기억할 점은, 정적분의 결과는 항상 양수가 되는 것이 아니라 함수의 위치에 따라 양수 또는 음수, 0이 될 수 있다는 것이다.

그림 (1)은 함수가 주어진 구간에서 x축 위에 있는 경우로, 이때 정적분을 계산한 적분값은 양수이다. 이 상황에서는 정적분이 '넓이'처럼 보이기 때문에, 많은 사람들이 정적분을 곧 넓이라고 받아들이기 쉽다.

반면에 그림 (2)에서는 함수가 x축 아래에 위치해 있어, 정적분값이 음수이다. 이처럼 함수가 x축 아래에 있을 경우에는 정적분값이 음수로 나타나므로, 단순한 넓이와는 다르게 해석된다.

이러한 이유로 정적분은 단순한 넓이라기보다는, 함수가 x축 위에 있는지 아래에 있는지를 반영한 '부호를 고려한 넓이'로 이해하는 것이 더 적절하다.

넓이는 항상 양수인 반면, 정적분은 함수의 위치에 따라 부호가 달라질 수 있으므로, 두 개념의 차이를 인식하는 것이 좋다.

(1) $f(x)$가 x축 위에 있을 때 정적분값 $S = $ 양수

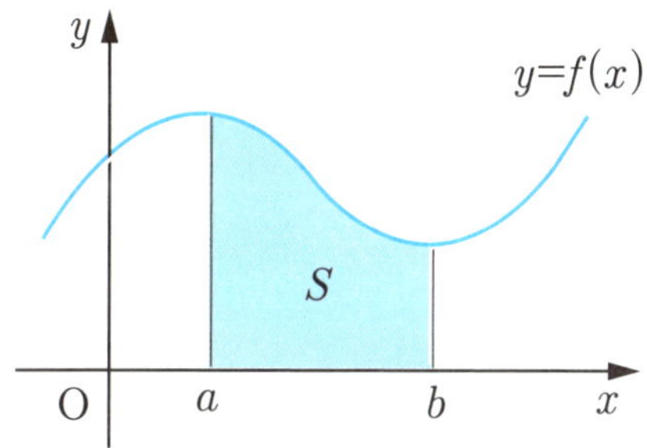

(2) $f(x)$가 x축 아래에 있을 때 정적분값 $S = $ 음수

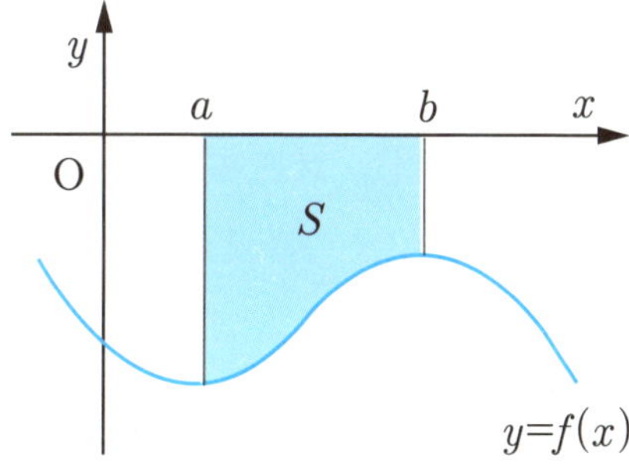

53

정적분의 의미 (2)

> 순 변화율을 모두 모은 총체량

적분이란 마치 시간 여행자처럼, 순간순간의 변화를 모두 모아 한눈에 보여주는 마법 같은 안내판이다.

쉽게 말해서, 정적분은 함수의 변화율(예를 들어 속도)을 한 구간 동안 쭉 더해서 그 구간의 전체 변화량, 즉 순변화량을 구하는 과정이다.

예를 들어 자동차가 속도라는 순간 변화율을 가지고 달리면, 그 속도를 시간 동안 적분하면 자동차가 실제로 얼마나 움직였는지(변위, 즉 위치 변화량)를 알려준다.

그래서 적분의 목적은 미분이 순간의 변화를 보는 것이라면, 적분은 그 순간들이 모여 이룬 전체 이야기를 한눈에 파악할 수 있게 하는 것이라고 할 수 있다. 정적분으로 함수의 변화율을 누적하면 전체 변화량인 '순 변화율'을 알 수 있는 것이다.

즉, 적분 덕분에 우리는 복잡한 변화들을 쪼개서 각각을 보고, 다시 모두 합하여 큰 그림을 이해할 수 있다.

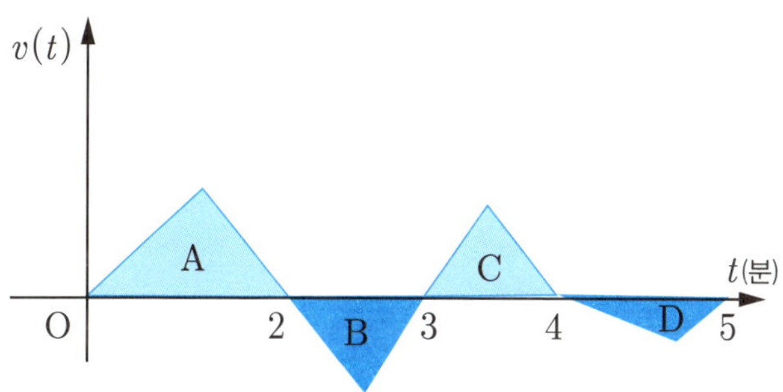

변위는 $A+B+C+D$로, 이동거리는 $A+|B|+C+|D|$로 계산한다. 변위가 곧 정적분의 의미인 순변화율과 같다는 것을 알 수 있다.

54

정적분의 계산 (1)

> 함수 그래프가 x축 위에 있을 때의 정적분값 : 양수
>
> 함수 그래프가 x축 아래에 있을 때의 정적분값 : 음수

정적분의 계산에는 일반적으로 두 가지 해석이 있다. 하나는 함수가 x축 위에 있느냐 아래에 있느냐에 따라 부호가 달라지는 '부호가 있는 넓이'이고, 다른 하나는 함수의 누적 변화량을 나타내는 '순 변화량'이다.

정적분 계산은 기본 방식을 익히면, 산술적 실수만 조심하는 한 비교적 정확하게 할 수 있다. 다만, 삼각함수처럼 부정적분 공식을 정확히 기억해야 하는 경우에는 부호나 공식 적용에서 실수가 자주 발생하므로 구분할 필요가 있다.

예를 들어 일차함수 $f(x)=2x$를 $x=1$부터 $x=3$까지 정적분해 보면 다음과 같다.

$$\int_{1}^{3} 2x\,dx = [x^2]_{1}^{3} = 9 - 1 = 8$$

이 결과는 오른쪽 그림에서 보듯이 해당 구간에서 함수식 아래의 넓이를 나타낸다. 이 경우 함수식이 x축 위에 있으므로 정적분 값은 양수이며, 이는 사다리꼴 또는 삼각형의 넓이로도 구할 수 있다. 실제로 도형의 넓이 공식을 이용하면 초등학생 수준에서도 계산이 가능하지만, 정적분을 학습하는 과정에서는 함수의 정의역 안에서 직접 계산해보는 것이 이해에 더 도움이 된다.

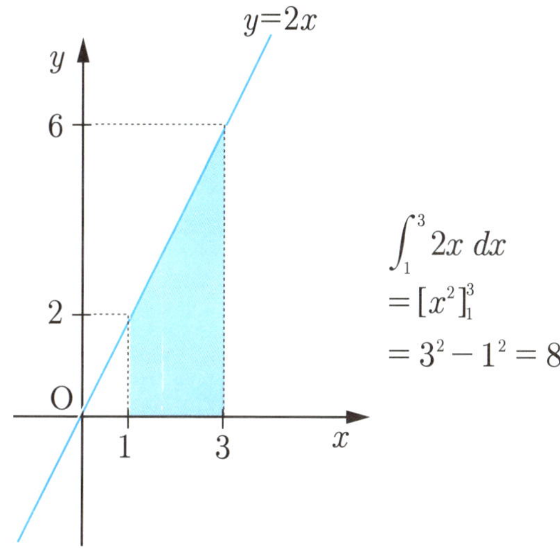

$y=2x$의 $1 \leq x \leq 3$에서의 정적분 그래프와 계산방법

이제부터는 이상한 계산값이 나타난다. 정적분을 계산했더니, 함수가 x축 아래에 있어서 정적분 값이 음수로 나오는 신기한 경험을 하게 된 것이다.

방금 전의 그래프 $y=2x$에 음수를 붙여 $y=-2x$로 바꾸고, $1 \leq x \leq 3$ 구간에서 정적분을 계산해보면

$$\int_1^3 (-2x)\,dx = [-x^2]_1^3 = -8$$

으로 음수가 나온다. 그렇다면 넓이가 음수라니? 이게 과연 가능할까? 너무 이상하지 않은가?

하지만 여기서 중요한 점은, 정적분의 값이 반드시 '넓이'를 의미하는 것은 아니라는 것이다.

실제로 이 값은 함수가 해당 구간에서 얼마나 증가하거나 감소했는지를 나타내는 전체적인 변화의 크기와 방향이다.

예를 들어 함수가 x축 아래에 위치하면 그래프는 아래쪽으로 펼쳐지게 되고, 이때 정적분값은 음수이다. 이는 넓이가 음수라는 뜻이 아니라, 함수의 전체적인 변화 방향이 음수라는 의미이다.

따라서 넓이를 구하고 싶다면, 함수가 x축 아래에 있는 부분은 위로 올려서 계산해야 한다. 즉 함수에 절댓값을 붙여서 계산한다.

반면, 정적분 값 자체는 함수가 해당 구간에서 어떻게 변했는지를 보여주는 누적적인 변화량이라는 점을 기억해두면 좋다.

정적분값이 음수로 나오면 당황하지 않고, 이것이 넓이가 아니라 함수의 변화 방향을 나타낸다는 사실을 이해하면 훨씬 편하게 받아들일 수 있을 것이다.

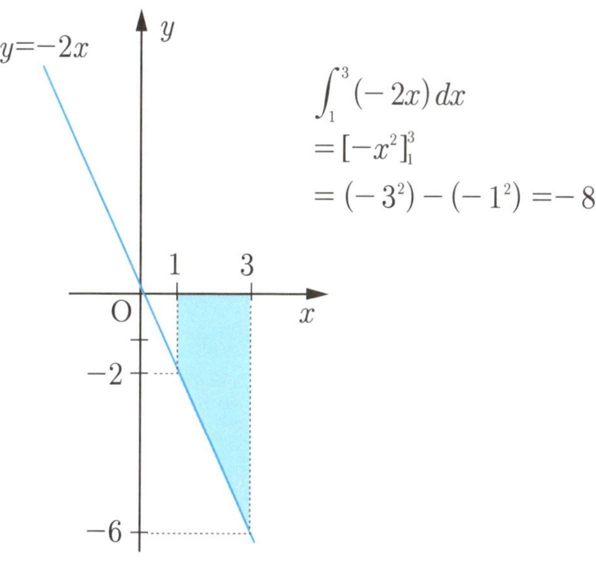

$y = -2x$의 $1 \leq x \leq 3$에서의 정적분 그래프와 계산방법

정적분의 값은 적분하는 함수가 나타내는 변화율을 모두 더한 것이다

정적분의 계산 (2)

$y = \sin x$의 정적분

이번에는 함수식 중에서도 삼각함수 적분의 재미난 여행을 시작해 보자.

여러분이 가장 많이 접하고 친숙한 함수, 바로 $y = \sin x$에 대해 이야기해 보려고 한다. 삼각함수는 파도처럼 주기적으로 오르락내리락하며 우리 수학 세계를 즐겁게 만든다.

먼저, 0부터 π까지의 구간에서 $\sin x$를 적분하면 2이다. 즉, 이 구간에서 $y = \sin x$ 그래프는 x축 위에 있어 정적분 값이 양수, 즉 '넓이'가 2라는 의미다.

여기서 신기한 점이 또 하나 있다. 만약 곡선이 복잡한 모양으로 매끄럽게 올라갔다 내려갔는데도, 그 아래 넓이가 정확히 2라는 자연수로 정확히 떨어진다는 것은 수학적으로 정말 놀라운 일이다.

이 신비는 삼각함수가 가진 특별한 성질과 미적분학의 정교한 계산 원리에서 비롯된 것이다. 곡선이 복잡해도 정적분 계산을 통해 얻는 값이 이렇게 단순한 자연수로 나온다는 사실은 수학의 아름다움을 극명하게 보여준다.

이어서 0부터 2π까지 $\sin x$를 적분하면 0이다.

값이 0이라고?

이는 π부터 2π까지 구간에서는 그래프가 x축 아래로 내려가 적분값이 음수이기 때문이다. 즉, 적분값이 양수인 부분과 음수인 부분이 정확히 서로를 상쇄하며 총합이 0이 된 것이다.

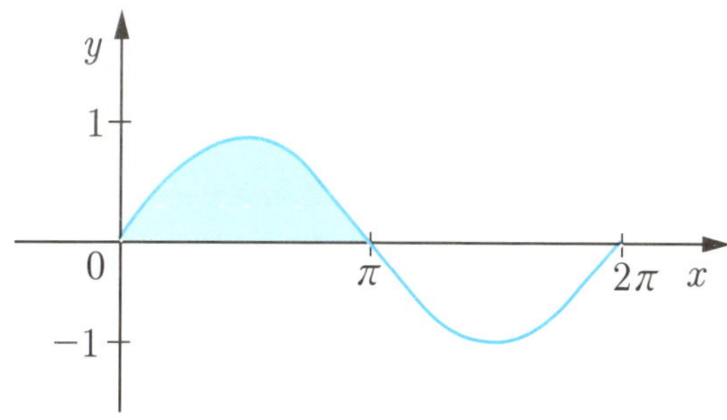

$$\int_0^\pi \sin x \, dx$$
$$= [-\cos x]_0^\pi$$
$$= (-\cos \pi) - (-\cos 0)$$
$$= 1 + 1 = 2$$

$y=\sin x$의 $0 \leq x \leq \pi$에서의 정적분 그래프와 계산방법

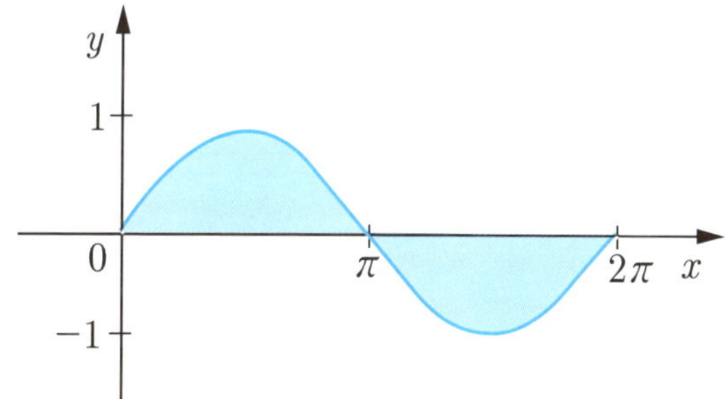

$$\int_0^{2\pi} \sin x \, dx$$
$$= [-\cos x]_0^{2\pi}$$
$$= (-\cos 2\pi) - (-\cos 0)$$
$$= -1 + 1 = 0$$

$y=\sin x$의 $0 \leq x \leq 2\pi$에서의 정적분 그래프와 계산방법

또 다른 삼각함수의 동반자인 $y=\cos x$도 비슷한 일을 겪는다. 0부터 π까지, 그리고 0부터 2π까지 적분하면 모두 0이 되는데, 이는 코사인 함수가 x축 위와 아래를 균형 있게 번갈아 가며 지난다는 삼각함수의 특성 때문이다.이처럼 삼각함수를 적분할 때는 구간에 따라 정적분 값이 크게 달라진다는 점을 꼭 기억하자.함수가 x축 위에 있으면 '넓이'라는 양수 값을 얻지만, 구간에 따라 x축 아래도 포함되면 양수와 음수가 서로 상쇄되어 누적된 변화량을 알 수 있게 된다.정적분은 단순한 넓이 계산을 넘어 함수의 누적 변화를 나타내는 중요한 수학 개념이다.

한편, $y=\cos x$를 0부터 $\dfrac{3}{2}\pi$까지 적분하면 그 값은 -1이다.그래서 이 구간에서는 정적분값이 음수가 됨을 알 수 있다. 이는 그래프가 일부 구간에서 x축 아래에 위치하여 음수이기 때문이다.이 내용은 그림으로도 확인할 수 있지만, 적분 계산이 가장 정확한 방법임을 기억하는 것이 중요하다.

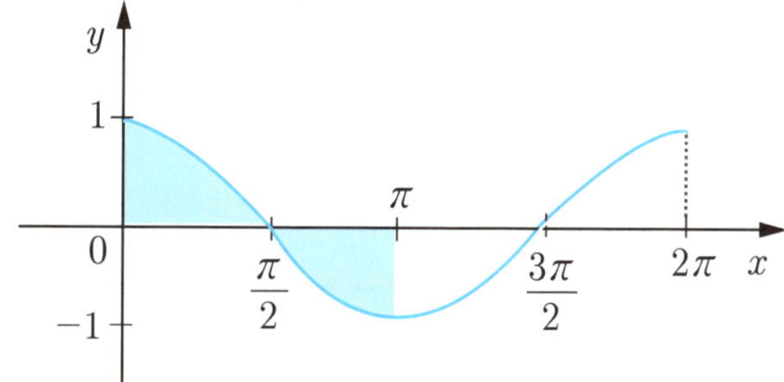

$$\int_0^\pi \cos x\, dx$$
$$= [\sin x]_0^\pi$$
$$= (\sin \pi) - (\sin 0)$$
$$= 0$$

$y = \cos x$의 $0 \le x \le \pi$에서의 정적분 그래프와 계산방법

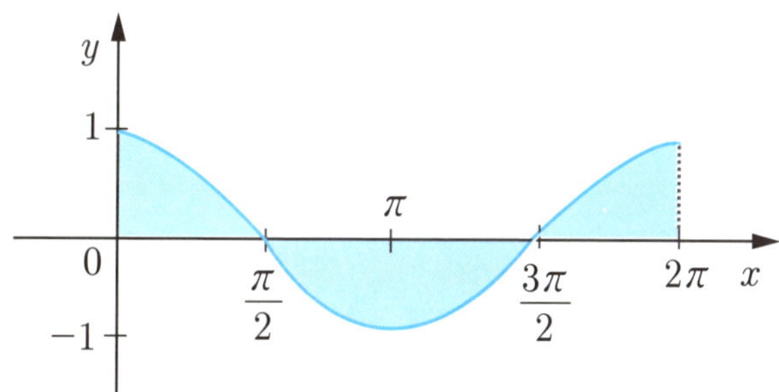

$$\int_0^{2\pi} \cos x\, dx$$
$$= [\sin x]_0^{2\pi}$$
$$= (\sin 2\pi) - (\sin 0) = 0$$

$y = \cos x$의 $0 \le x \le 2\pi$에서의 정적분 그래프와 계산방법

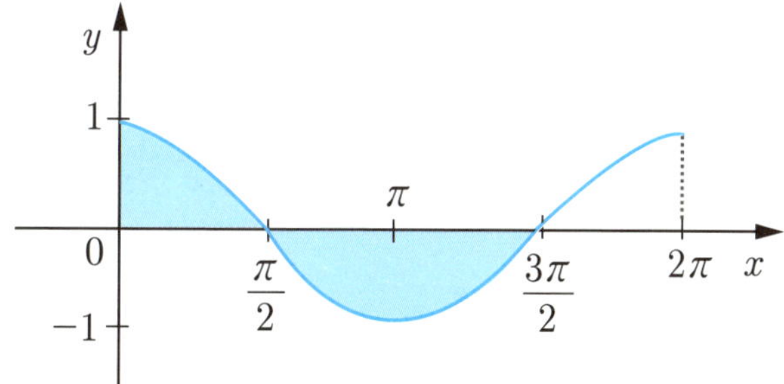

$$\int_0^{\frac{3\pi}{2}} \cos x\, dx$$
$$= [\sin x]_0^{\frac{3\pi}{2}}$$
$$= \left(\sin \frac{3\pi}{2}\right) - (\sin 0) = -1$$

$y = \cos x$의 $0 \le x \le \dfrac{3\pi}{2}$에서의 정적분 그래프와 계산방법

미적분의 기본정리 ⑴

$$F(x) = \int_a^x f(t)\,dt \rightarrow F'(x) = f(x)$$

이제는 미적분의 기본정리 2개를 학습적으로 틀을 만들어 돌다리도 두들겨 본다는 느낌으로 소개하겠다.

첫 번째 기본정리는 $F(x) = \int_a^x f(t)\,dt$ 라는 정의에서 출발한다.

이 정의는 어떤 사람에게는 곧바로 이해가 될 수도 있고, 또 어떤 사람에게는 의미가 쉽게 와 닿지 않을 수도 있다.

미적분의 기본정리 1의 핵심은 $F(x)$의 도함수가 $f(x)$임을 보이는 것이다. 즉, $F(x)$를 미분했을 때 원래함수 $f(x)$가 나온다는 점을 확인하는 것이다. 작은 구간에서 x가 아주 조금 증가할 때, 그만큼 넓이가 얼마나 변하는지를 생각해 보자.

이때 넓이의 증가량은 사실상 그 구간에서의 함수값 $f(x)$에 비례한다. 따라서 변화율을 계산하면 곧바로 $f(x)$가 나오게 되고, 결국 $F'(x) = f(x)$을 자연스럽게 확인할 수 있다.

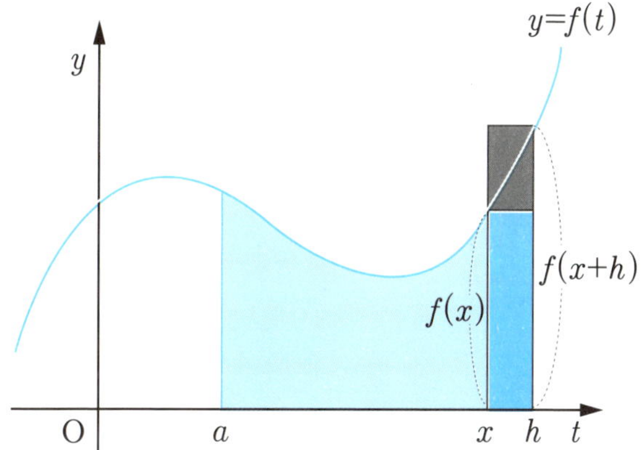

적분 구간 $[a,\,x]$에서 $y=f(t)$의 그래프와 x에서 h만큼의 증가율을 나타냄

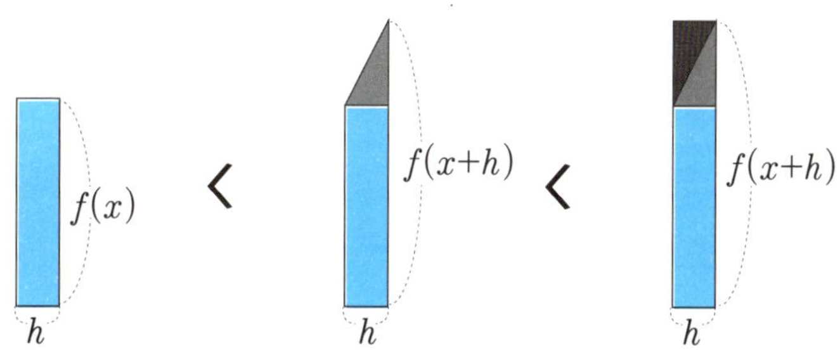

$$h \cdot f(x) < F(x+h) - F(x) < h \cdot f(x+h)$$

각 항을 h로 나눈후 극한을 적용하면

$$\lim_{h \to 0} f(x) \leq \lim_{h \to 0} \frac{F(x+h) - F(x)}{h} \leq \lim_{h \to 0} f(x+h)$$

따라서 $F'(x) = f(x)$

57

미적분의 기본정리 (2)

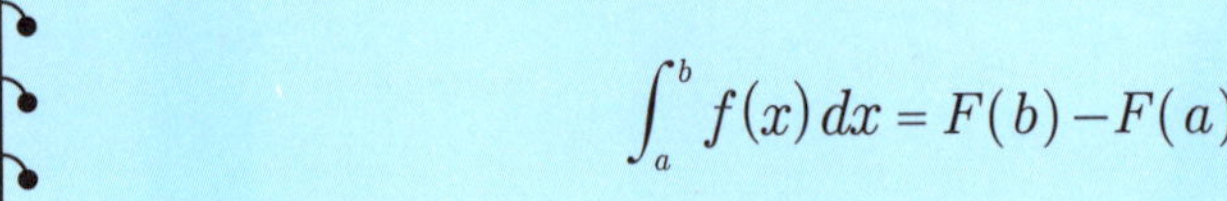

$$\int_a^b f(x)\,dx = F(b) - F(a)$$

정적분을 무한의 합으로 정의하면 계산 과정이 복잡해진다. 물론 무한의 합으로 정의하여 푸는 것은 필요하며 비록 최종 답은 나오지만 그 과정이 매우 번거롭다.

그래서 적분법 공식을 활용하면 훨씬 빠르게 계산할 수 있다.

미적분이 서로 다른 연구 분야처럼 나아가던 시기에, 적분이 사실은 미분의 역과정이라는 것이 증명되면서 두 개념이 통합되었다.

따라서 미적분학의 제2기본정리가 성립하며, 이 정리는 $\int_a^b f(x)\,dx$ 가 $F(b) - F(a)$ 로 표현되는 이유를 증명한다.

즉, $F'(x) = f(x)$ 이므로 $\int_a^x f(t)\,dt = F(x) + C$ 로 쓸 수 있지만, 적분 구간을 a 에서 시작했기 때문에 $C = -F(a)$ 가 되어 $\int_a^x f(t)\,dt = F(x) - F(a)$ 가 된다. 여기에 x 대신 b 를 대입하면 $\int_a^b f(t)\,dt = F(b) - F(a)$ 가 성립한다. 적분 변수 t 를 x 로 바꾸면 $\int_a^b f(x)\,dx = F(b) - F(a)$ 로 증명된다.

따라서 부정적분을 이용한 정적분 계산법을 통해 무한히 많은 합을 계산하는 복잡함에서 벗어나 간단하고 빠르게 계산할 수 있다.

$$\int_0^1 (x^2+1)\,dx = \lim_{n\to\infty}\sum_{k=1}^{n}\left\{\left(\frac{k}{n}\right)^2+1\right\}\cdot\frac{1}{n}$$

$$= \lim_{n\to\infty}\left\{\frac{n(n+1)(2n+1)}{6n^3}+1\right\}$$

$$= \frac{4}{3}$$

극한을 이용해 적분을 계산하면
시간이 다소 걸린다.

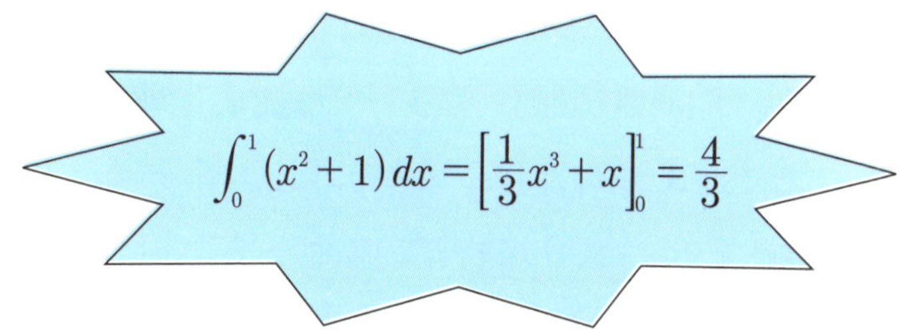

미적분의 제2기본정리로 빠르게
적분을 계산할 수 있다.

미적분의 제 2 기본정리가 필요한 이유

58

우함수와 기함수

우함수 $f(-x)=f(x)$
기함수 $f(-x)=-f(x)$

정적분을 계산할 때는 함수의 성질을 잘 활용하면 훨씬 쉽다. 그중 대표적인 것이 우함수다. 우함수는 $f(-x)=f(x)$를 만족하며, 그래프가 y축을 기준으로 좌우 대칭을 이룬다. 마치 데칼코마니처럼 한쪽을 접으면 다른 쪽이 그대로 찍히는 모습이다.

이 대칭성 덕분에 정적분은 놀라울 만큼 단순해진다.

적분 구간이 $[-a, a]$이면 $\int_{-a}^{a} x^2\,dx = 2\int_{0}^{a} x^2\,dx$으로 계산할 수 있다.

즉, 전체를 다 하지 않고 반쪽만 계산한 뒤 두 배만 해주면 된다.

예를 들어 $y=x^2$은 우함수일 때 적분 구간이 $[-5, 5]$이면 $\int_{-5}^{5} x^2\,dx = 2\int_{0}^{5} x^2\,dx$으로 바꾸어 계산하면 간단히 풀 수 있다.

그러므로 우함수의 정적분은 수학적 대칭성을 활용하여 계산 과정을 획기적으로 단축시키는, 데칼코마니와 같이 아름다운 지름길이다.

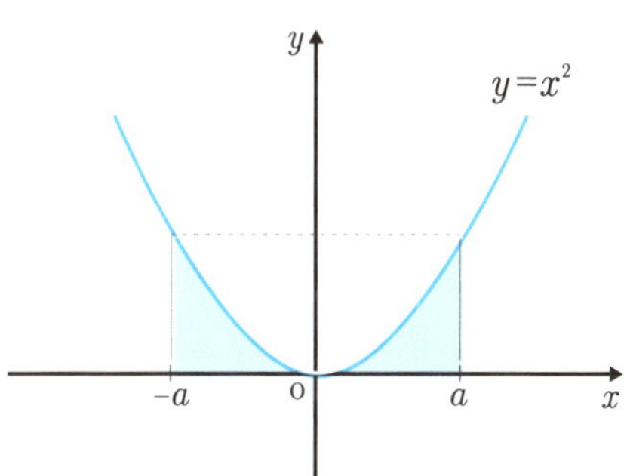

y축 대칭인 우함수 $y=x^2$을 $-a$부터 a까지 적분하면, 이는 0부터 a까지 적분한 값의 2배와 같다.

정적분을 조금 더 똑똑하게 계산하려면 기함수의 성질을 기억하는 것도 좋다. 기함수는 $f(-x)=-f(x)$를 만족하며, 그래프가 원점을 기준으로 좌우 대칭을 이룬다. 대표적인 예로 $y=x^3$이나 $y=\sin x$가 있다.

이런 함수들의 정적분을 보면 흥미로운 일이 벌어진다. 그래프 위쪽의 적분값이 양수와 음수인 부분이 서로 완전히 상쇄되면서 전체 값이 0이 되는 것이다.

예를 들어 $\int_{-a}^{a} x^3 dx = 0$이라는 적분 결과는 기함수의 대칭성 덕분에 아주 쉽게 해결할 수 있다.

이 성질은 특히 홀수 차항이 포함된 복잡한 적분 문제에서 비약적 속도를 가져온다. 문제 속에서 기함수를 알아차리면, 긴 계산 과정을 건너뛰고 바로 답을 얻을 수 있기 때문이다.

다만 실제로 문제를 풀다 보면 이 성질을 놓치고 복잡한 계산을 시작하는 경우가 많다. 그래서 기함수는 마치 숨어 있는 '계산 단축키'처럼, 알아보는 순간 정적분을 순식간에 해결할 수 있는 힘을 준다.

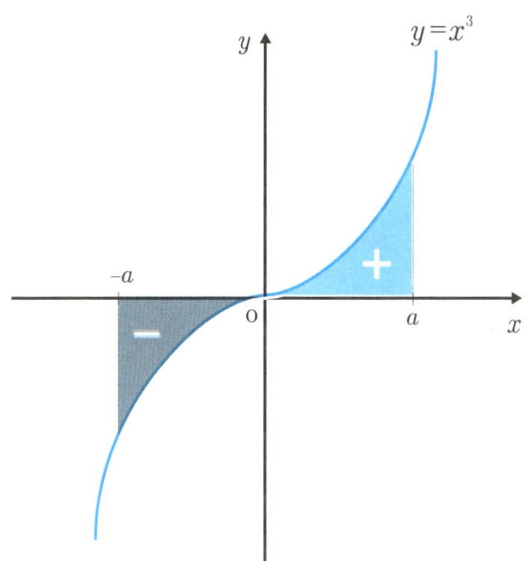

원점 대칭인 기함수 $y=x^3$을 $-a$부터 a까지 적분하면, 축 위쪽의 적분값이 양수인 부분과 아래쪽의 음수인 부분이 같아 정적분 값은 0이다.

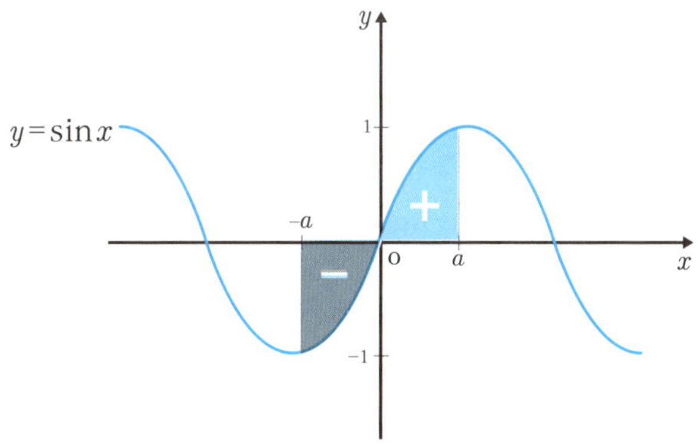

원점 대칭인 기함수 $y=\sin x$를 $-a$부터 a까지 적분하면, x축 위쪽의 적분값이 양수인 부분과 아래쪽의 음수인 부분이 같아 적분 값은 0이다.

구분구적법

구분구적법은 단순히 정적분을 계산하는 한 가지 방법을 넘어, 적분 개념의 본질이자 그 뿌리에 해당한다. 이 방법은 곡선으로 둘러싸인 넓이나 복잡한 입체의 부피를 구하기 위해, 도형을 셀 수 없이 많은 아주 작은 조각들로 나누고 그 합을 구한 뒤, 이 조각들의 개수를 무한대로 보내는 극한의 개념을 활용한다.

뉴턴과 라이프니츠가 미적분학의 기본 정리를 통해 효율적인 계산법을 정립하기 이전부터 이미 이 방법은 존재했다. 고대의 아르키메데스가 사용한 '실질법'이나 17세기 케플러가 포도주통의 부피를 구할 때 사용한 방법이 그 원류에 닿아 있다.

계산은 다소 번거롭지만, 넓이와 부피를 구하기 위해 탄생한 적분의 본래 의도에 가장 충실한 접근이기 때문에 구분구적법은 미적분학에서 핵심적인 의미를 지닌다. 정적분 기호 $\int$ 자체도 이 무한 합의 극한을 간결하게 표현하기 위해 고안된 것이다.

케플러가 원의 넓이를 설명하기 위해 이 방법을 사용한 일화는 특히 흥미롭다. 그는 원을 매우 많은 얇은 부채꼴로 쪼갠 뒤, 이 부채꼴들을 엇갈리게 붙여 직사각형 형태로 근사시켰다. 부채꼴의 개수를 무한히 늘리면 그 형태는 완벽한 직사각형에 가까워지고, 그 넓이는 정확히 πr^2이 된다. 이렇게 구분구적법은 복잡한 형태 속에서도 단순한 질서를 찾아내는, 미적분학의 가장 아름다운 통찰을 보여준다.

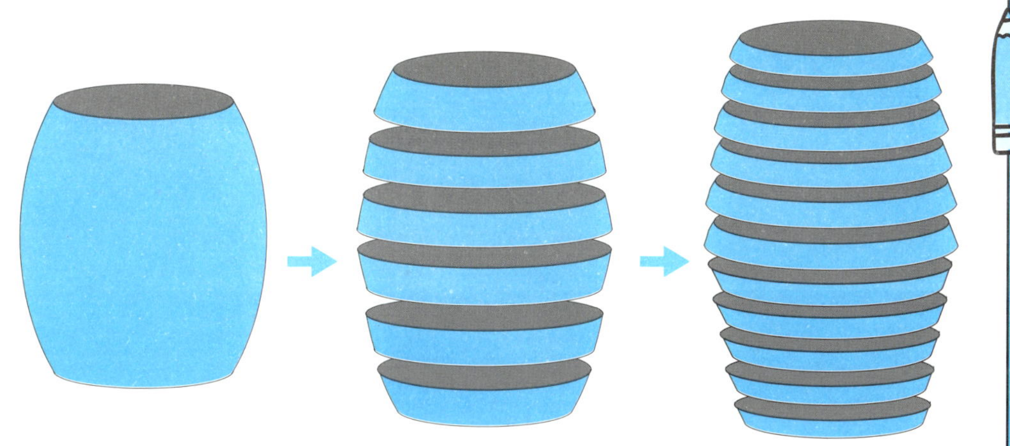

케플러는 포도주통을 원기둥 모양으로 아주 얇게 쪼개어 부피를 계산하는 방법을 사용했으며, 이로부터 부피 계산의 정확도가 높아진다는 아이디어가 구분구적법의 기초가 되었다. 실제로 케플러는 포도주통을 수많은 얇은 원판들이 쌓인 형태로 생각하여 전체 부피를 근사하는 방식을 제안했다.

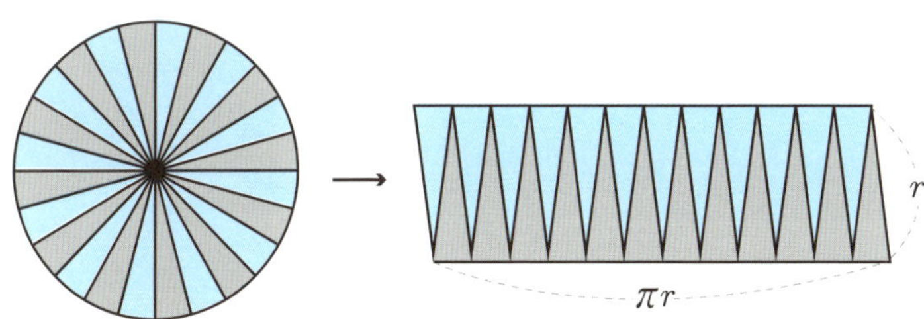

원을 24개의 부채꼴로 나누어 넓이를 구한 그림

케플러는 원의 넓이를 구하기 위해 구분구적법적 방법을 사용했다. 원을 수많은 부채꼴로 분할해 합하면 원의 넓이에 점점 가까워진다.

함수 $y=x^2$의 구간 [0,1]에서 구분구적법을 간단히 설명하면 다음과 같다.

구간을 n개의 작은 직사각형으로 나누고, 각 직사각형의 가로 길이는 $\frac{1}{n}$이다. 상합 S_1은 각 구간의 오른쪽 끝점에서 함수값을 적용해 만든 직사각형 넓이들의 합으로 계산하며, 그 결과는 $S_1 = \frac{(n+1)(2n+1)}{6n^2}$ 형태이다.

반면, 하합 S_2는 각 구간의 왼쪽 끝점에서 함수값을 적용해 만든 직사각형 넓이들의 합으로 계산하며, $S_2 = \frac{(n-1)(2n-1)}{6n^2}$ 형태이다.

이제 $n \to \infty$로 무한히 많은 직사각형으로 나눈 후, 양쪽 합에 리미트를 적용하면 오차가 사라지면서, $\lim\limits_{n \to \infty} S_1 = \lim\limits_{n \to \infty} S_2 = \frac{1}{3}$이 된다. 이로써 상합과 하합의 극한이 일치함을 통해 함수 $y=x^2$의 구간 [0,1] 아래 넓이가 $\frac{1}{3}$임을 알 수 있다. 이는 정적분의 값과 정확히 일치하며, 구분구적법이 정적분의 엄밀한 정의임을 나타낸다.

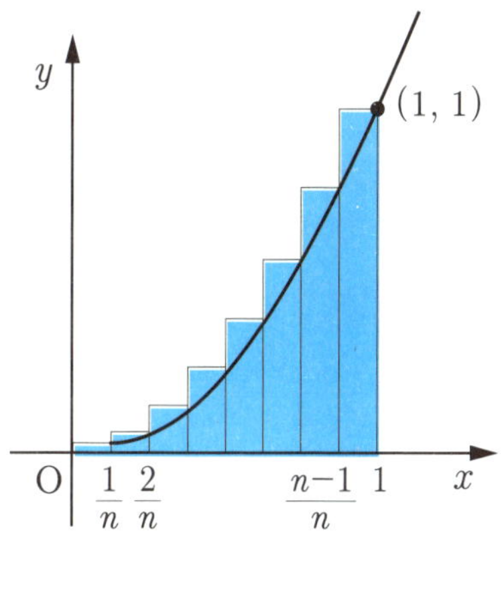

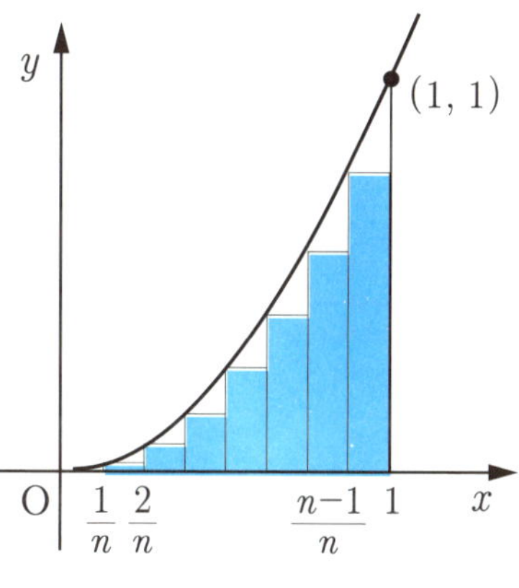

(상합 S_1)   (하합 S_2)

$$S_1(\text{상합}) = \lim_{n \to \infty} \frac{(n+1)(2n+1)}{6n^2} = \lim_{n \to \infty} \frac{2n^2 + 3n + 1}{6n^2} = \frac{2}{6} = \frac{1}{3}$$

$$S_2(\text{하합}) = \lim_{n \to \infty} \frac{(n-1)(2n-1)}{6n^2} = \lim_{n \to \infty} \frac{2n^2 - 3n + 1}{6n^2} = \frac{2}{6} = \frac{1}{3}$$

곡선(함수식) 아래의 넓이를 구할 때, 도형을 아주 얇은 작은 직사각형으로 잘게 나눈 뒤, 각각의 넓이를 모두 더한다. 동시에 폭을 점점 좁혀 직사각형의 개수를 무한히 늘리면, 이렇게 더한 값이 실제 넓이와 같아진다.

적분의 넓이(1)

적분에서 넓이 계산은 단순한 숫자 더하기 이상의 의미를 갖는다. 곡선 아래 숨겨진 공간을 차분히 들여다보며 그 성격을 이해하는 과정이기도 하다.

이제 적분의 넓이를 구해보자. 적분의 넓이는 x축을 중심으로 위에 있는 부분은 양수, 아래는 음수이다. 이 때 적분값이 양수인 부분은 어차피 양수이니 계산을 하면 되지만 음수인 부분은 반드시 절댓값을 붙여 계산한 후 더하면 된다.

예를 들어 $y=x^2-4x+3$의 적분 구간을 $[-1,3]$으로 하자. 그래프를 그려보면 꼭짓점은 $(2,-1)$이다. 이렇게 이차함수의 그래프를 그리면 적분값이 양수인 S_1, 음수인 S_2로 표기한다. $S_1+|S_2|$ 가 구하고자 하는 넓이이므로 S_1-S_2로 계산한다.

$$\int_{-1}^{3} |x^2-4x+3|\,dx = \frac{20}{3} + \frac{4}{3} = 8$$

이렇게 적분 계산은 단지 넓이를 수치로 표현하는 것을 넘어, 함수와 그래프가 가진 깊은 의미를 탐구하는 작업임을 기억하자.

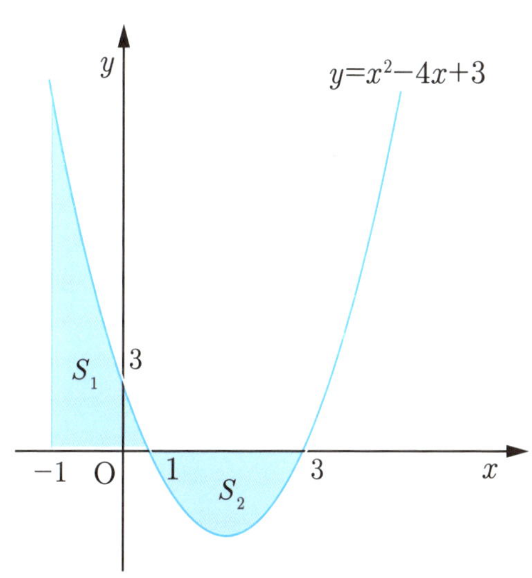

넓이 $S = S_1 - S_2$

$$= \int_{-1}^{3} |x^2 - 4x + 3x|\,dx$$

$$= \int_{-1}^{1} (x^2 - 4x + 3)\,dx + \int_{1}^{3} \{-(x^2 - 4x + 3)\}\,dx$$

$$= \left[\frac{1}{3}x^3 - 2x^2 + 3x\right]_{-1}^{1} + \left[-\frac{1}{3}x^3 + 2x^2 - 3x\right]_{1}^{3}$$

$$= \frac{20}{3} + \frac{4}{3} = 8$$

61 적분의 넓이 (2)

두 곡선 사이의 넓이를 적분으로 구하는 방법은 생각보다 단순하다. 먼저 두 곡선이 x축 위에서 어떻게 위치하는지를 살펴서, 위쪽에 있는 곡선에서 아래쪽에 있는 곡선을 빼면 그 차이가 적분할 함수이다.

예를 들어 한 곡선을 $f(x)$, 다른 곡선을 $g(x)$로 정하면 위쪽이 $f(x)$라면 $f(x)-g(x)$, 반대로 $g(x)$가 위쪽이라면 $g(x)-f(x)$로 정적분한 값이다.

이제 재미있는 예시로 $y=\sin x$와 $y=\cos x$를 생각해보면 구간 $\left[\dfrac{\pi}{4}, \dfrac{5\pi}{4}\right]$에서 두 곡선은 두 점에서 만나고 그 사이에서는 $\sin x$가 $\cos x$ 위에 있다. 따라서 적분식은 $\int_{\frac{\pi}{4}}^{\frac{5\pi}{4}} (\sin x - \cos x)\,dx$가 되며 계산 결과는 $2\sqrt{2}$이다.

이처럼 두 곡선이 만나서 만든 공간은 위쪽과 아래쪽 곡선의 차이를 적분해 넓이를 구하는데, 이것은 실제 물리적 공간이나 다양한 실생활 문제에서 두 조건 사이 차이를 정확히 수치화하는 데 매우 중요하다.

두 곡선 사이의 넓이 적분 공식

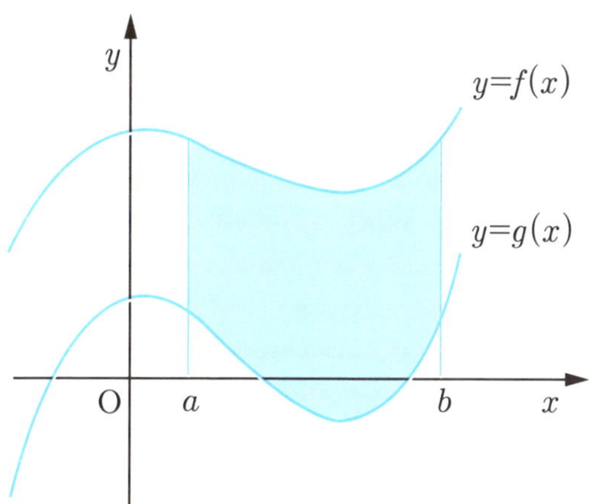

$$S = \int_a^b | f(x) - g(x) | dx$$

$y=\sin x$와 $y=\cos x$가 구간 $\left[\dfrac{\pi}{4}, \dfrac{5\pi}{4}\right]$에서 둘러싸인 부분 적분

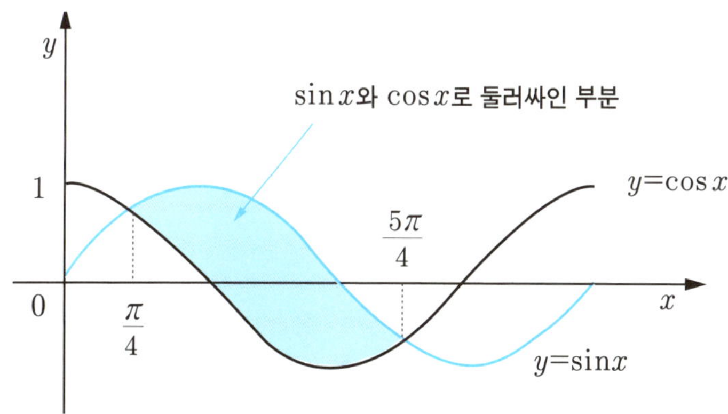

$$\int_{\frac{\pi}{4}}^{\frac{5\pi}{4}} (\sin x - \cos x)\, dx = \left[-\cos x - \sin x \right]_{\frac{\pi}{4}}^{\frac{5\pi}{4}} = 2\sqrt{2}$$

62

적분의 넓이 (3)

이차식과 직선 사이 넓이의 적분 공식은 특수한 공식 중 하나이다. 적분 구간에서 위쪽 함수식에서 아래쪽 함수식을 빼서 구하는 것은 전 단원에서 알았다. 이차식과 직선 사이의 넓이 역시 그래프를 잘 그리면 충분히 구할 수 있는데, 간단히 기억할 만한 공식으로 소개한다.

예를 들어 $y=x^2-4x+4$와 $y=x$로 둘러싸인 부분의 넓이를 구하는 순서를 생각해 보자.

$y=x$를 $f(x)$, $y=x^2-4x+4$를 $g(x)$로 정하고 $h(x)=x-(x^2-4x+4)$를 정리한 후 적분하면 된다.

그러나 계산을 보다 빠르고 효율적으로 할 수 있는 공식이 $S = \frac{|a|}{6}(\beta - \alpha)^3$이다. 여기서 a는 이차식 최고차항의 계수이고, α, β는 두 함수의 교점 x좌표이다. 두 함수가 같다고 풀면 $\alpha=1$, $\beta=4$이다.

따라서 $S = \frac{|1|}{6}(4-1)^3 = \frac{9}{2}$로 쉽사리 구할 수 있다.

이차식과 직선 사이의 넓이 적분 공식

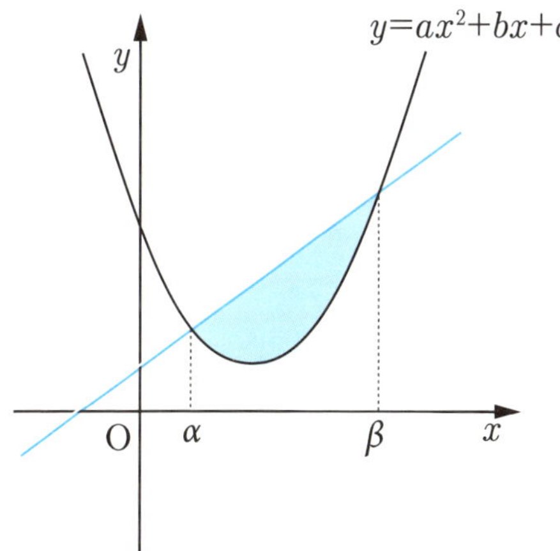

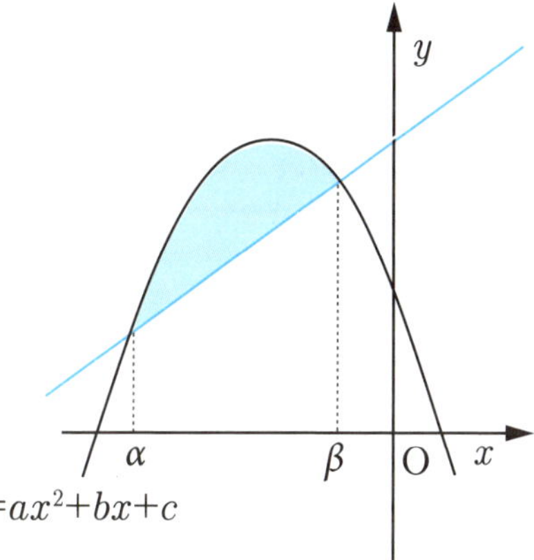

$$S = \frac{|a|}{6}(\beta - \alpha)^3$$

예제

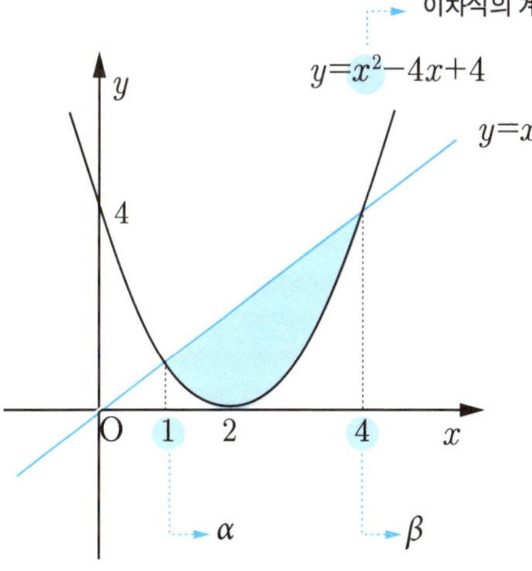

$$S = \frac{|a|}{6}(\beta - \alpha)^3$$

$$= \frac{|1|}{6}(4-1)^3$$

$$= \frac{9}{2}$$

적분의 부피

이전 학습을 통해 정적분의 넓이는 함수 $f(x)$와 적분 구간 $[a, b]$만 알면 함수식 아래의 넓이를 계산할 수 있음을 이미 이해하고 있을 것이다. 이는 2차원 평면에서의 문제를 해결하는 매우 강력한 도구였다.

또한, 구분구적법은 적분법이 발명되기 이전에 사용되던 방법이지만, 복잡한 도형의 넓이나 부피를 직사각형(또는 직육면체)의 합으로 근접해 이해하는 데는 시각적으로 매우 직관적이고 편리한 방식이었다.

다만, 정확한 값을 얻기 위해서는 이 근사 오차를 없애기 위해 극한 개념을 적용해야 했기 때문에 실제 계산은 다소 복잡했다.

이제 이 개념을 3차원 공간으로 확장하여 부피를 구하는 문제에 적용해 볼 수 있다. 넓이를 구할 때처럼, 부피 역시 적분 구간만 알면 쉽게 구할 수 있지 않을까 하는 자연스러운 의문이 들 수 있다.

결론부터 얘기하자면 맞다! 부피도 적분으로 계산할 수 있다. 하지만 단순한 넓이 계산과는 달리, 부피를 구하는 적분법은 다음과 같이 훨씬 다양하고 복잡한 3차원 입체를 다룬다.

단순한 입체는 정육면체, 원기둥, 삼각뿔 등 단면의 모양이 일정한 도형이다. 반면에 회전체는 평면 위의 곡선을 x축 또는 y축과 같은 회전축을 중심으로 한 바퀴 회전시켜 만든 입체 도형이다. 이 회전체는 원뿔이나 구처럼 대칭적이지만, 그 모양이 곡선에 따라 무궁무진하게 달라질 수 있어 더욱 흥미롭다.

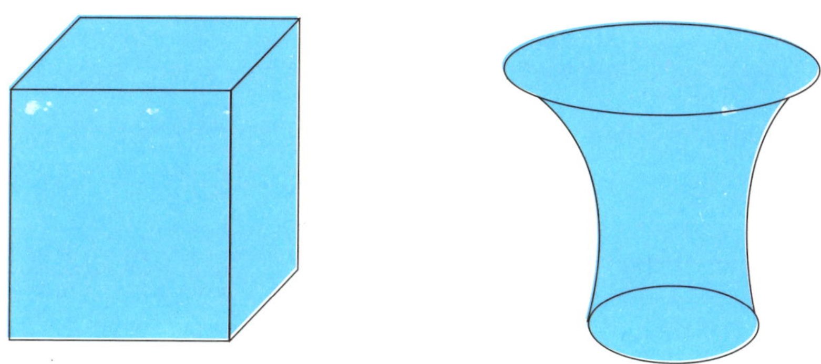

정육면체의 부피는 금방 구할수 있지만 오른쪽 입체도형은 쉽게 구하지 못한다!

그러나 회전체를 매우 작은 두께의 원판 부피로 쪼개어 정적분으로 모두 더하면 부피를 구할 수 있다.

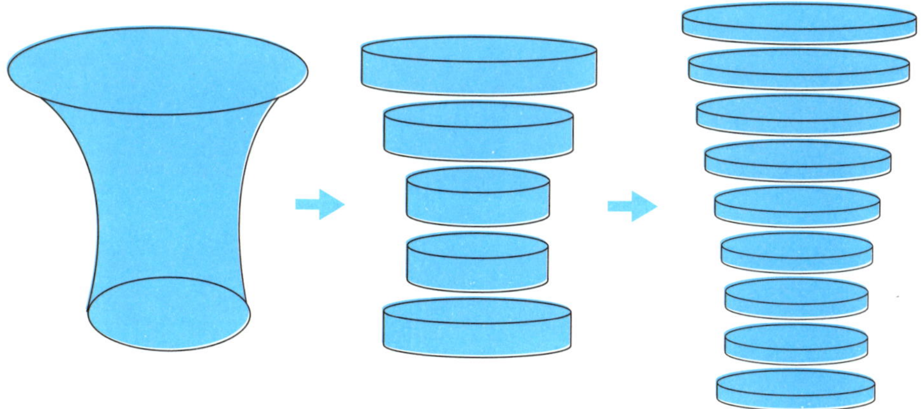

64 회전체의 부피

(1) x축을 중심으로 회전하는 입체의 부피 $V = \displaystyle\int_a^b \pi y^2\, dx = \pi \int_a^b \{f(x)\}^2\, dx$

(2) y축을 중심으로 회전하는 입체의 부피 $V = \displaystyle\int_a^b \pi x^2\, dy = \pi \int_a^b \{g(y)\}^2\, dy$

특히, 회전체의 부피를 적분으로 계산하는 예시는 정적분을 이용한 부피 계산의 원리를 가장 잘 보여준다.

회전체의 부피를 구하는 적분법은 기본적으로 '쌓아 올리기'의 개념을 사용한다. 이는 구분구적법에서 직사각형을 쌓아 넓이를 구했던 것처럼, 무수히 얇은 단면적들을 쌓아 올려 전체 부피를 계산하는 방식이다.

함수 $y=f(x)$를 축을 중심으로 구간 $[a, b]$에서 회전시킬 경우, 각 단면은 반지름이 인 원판이 된다. 이 원판들의 부피를 a부터 b까지 합하면 전체 회전체의 부피 V를 구할 수 있다.

$$V = \int_a^b \pi y^2\, dx = \pi \int_a^b \{f(x)\}^2\, dx$$

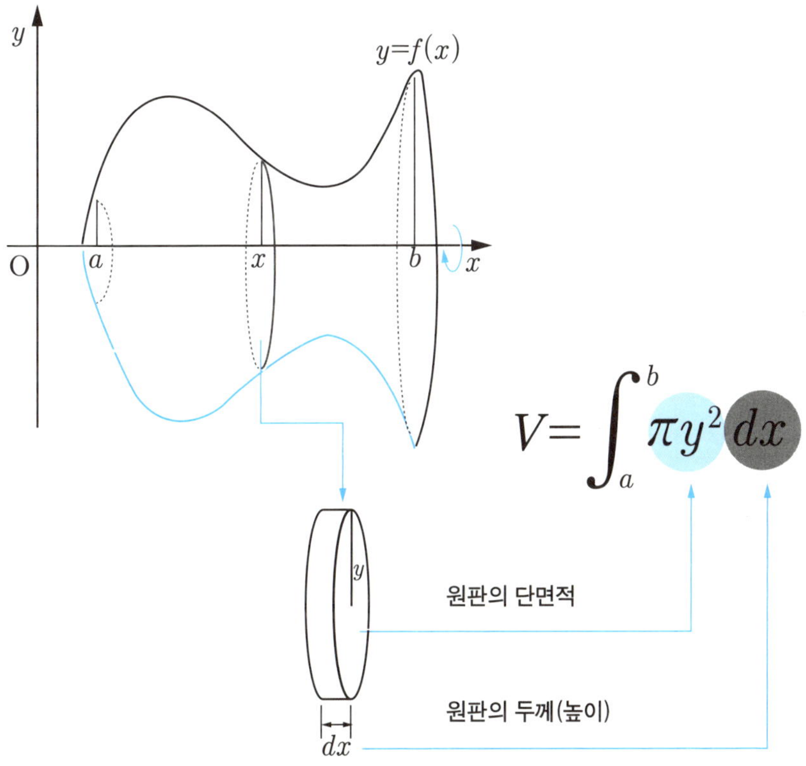

x축을 중심으로 회전하는 입체의 부피

반대로 함수 $x=g(y)$를 y축을 중심으로 구간 $[a, b]$에서 회전시킬 경우, 각 단면은 반지름이 $g(y)$인 원판이 된다. 마찬가지로 이 원판들을 a부터 b까지 적분하여 부피를 구한다. 식을 설정하면 $V = \int_a^b \pi \{g(y)\}^2 dy$이다.

이처럼 회전체는 곡선을 축으로 돌려 만든 다양한 입체도형을 포함하기 때문에, 회전하는 모습과 그 단면의 모양을 머릿속으로 또는 그림으로 잘 그려보는 것이 부피 계산을 이해하는 데 결정적인 도움이 된다. 즉 부피 적분은 단면적을 적분 구간에 걸쳐 쌓아 올리는 과정으로 기억하면 된다.

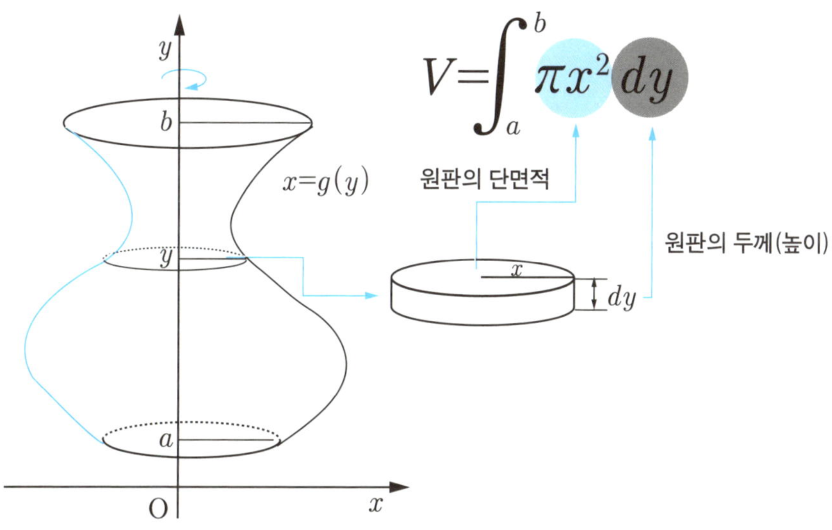

y축을 중심으로 회전하는 입체의 부피

원뿔의 부피

$$V = \frac{1}{3}\pi r^2 h$$

여러분이 상상하는 유니콘의 뿔, 미술시간에 그리던 그 원뿔 모양, 또는 장미꽃 봉우리 등 다양한 곳에서 쉽게 볼 수 있는 원뿔의 부피를 구한다는 생각만으로도 흥미진진해질 수 있다.

무턱대고 외웠던 원뿔의 부피 공식은 반지름이 r, 높이가 h일 때 부피 $V = \frac{1}{3}\pi r^2 h$라는 사실을 이제 적분으로 명확히 증명할 수 있다.

그림에서 보듯, 원뿔 내부 단면은 작은 삼각형과 큰 삼각형으로 이루어져 있다. 닮음의 관계를 이용해 '작은 삼각형의 높이 : 큰 삼각형의 높이＝작은 삼각형의 밑변 : 큰 삼각형의 밑변' 비례식을 세우면, 작은 삼각형의 밑변 길이 $\square = \frac{r}{h}x$가 되고, 여기서 x는 작은 삼각형의 높이로, 원뿔의 높이 h를 0부터 h까지 나누어 적분에 활용할 수 있게 도와준다.

적분 구간은 0부터 h까지이며, 부피 공식 $V = \int_0^h \pi\left(\frac{r}{h}x\right)^2 dx$로 세워진다. 이 식을 계산하면 익숙한 $V = \frac{1}{3}\pi r^2 h$가 나온다! 무작정 외웠던 공식의 원리와 증명을 한눈에 이해하는 순간에 수학이 더 친근하게 느껴질 것이다.

간단히 말해, 닮은 삼각형의 비례식과 적분을 이용해 한 층씩 쌓아 원뿔 부피를 구하는 과정은 퍼즐을 맞추는 즐거움과 이해를 동시에 준다. 이런 수학적 원리와 시각적 이해가 만나 원뿔 부피의 비밀을 자연스럽게 풀어준다.

다음으로는, 직선 함수를 축으로 회전시켜 원뿔을 만들었을 때 정적분으로 부피를 구하는 흥미로운 예를 살펴보겠다. 이 과정을 통해 적분이 실제 입체 도형 부피 계산에 어떻게 활용되는지 더 깊게 이해할 수 있을 것이다.

부피의 적분 증명 방법 단계

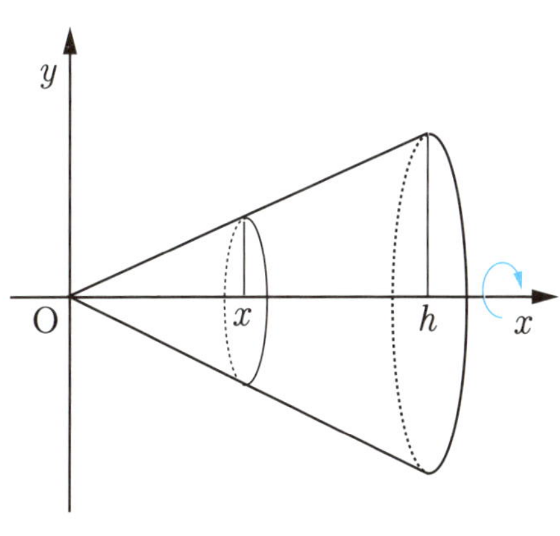

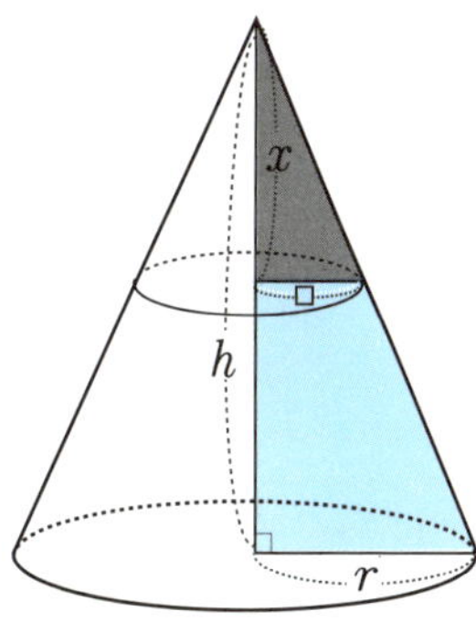

$$\square = \frac{r}{h}x$$

$$V = \int_0^h \pi\left(\frac{r}{h}x\right)^2 dx = \pi \cdot \frac{r^2}{h^2}\left[\frac{1}{3}x^3\right]_0^h = \frac{1}{3}\pi r^2 h$$

계속해서 직선 $y=2x$를 회전축에 붙여 돌려 원뿔을 만든다고 생각해보자.

먼저, 이 직선을 구간 $[0,1]$에서 x축을 중심으로 회전하면 반지름은 $2x$, 적분 구간은 $[0,1]$이다.

그래서 부피는 $V=\int_0^1 \pi(2x)^2 dx = \frac{4}{3}\pi$ 이다. 같은 직선을 y축을 중심으로 회전할 때는, $x=\frac{y}{2}$로 반지름을 표현하고, y의 범위는 $[0,2]$이다. 이때 부피는

$$V=\int_0^2 \pi\left(\frac{y}{2}\right)^2 dy = \frac{2}{3}\pi$$ 로 계산된다.

결과적으로, 같은 직선이라도 어떤 축을 중심으로 회전하느냐에 따라 만들어지는 입체의 부피가 달라질 수 있다.

이처럼 회전축을 바꾸면 입체 형상과 반지름 설정이 달라져서 부피 차이가 생기는 것이다.

원뿔이라 생각했는데, 돌리는 방식에 따라 결과가 다르게 나오는 점이 흥미롭다.

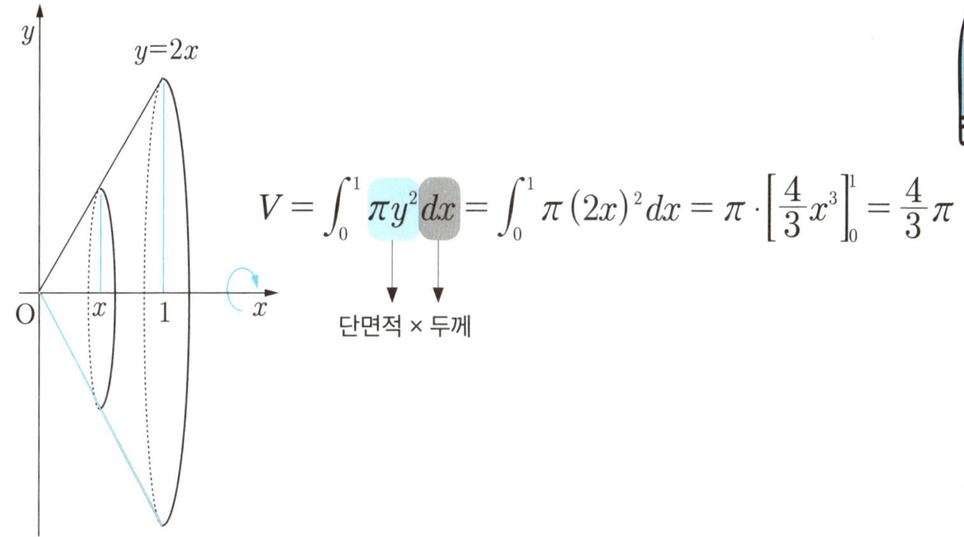

$$V = \int_0^1 \pi y^2 \, dx = \int_0^1 \pi (2x)^2 \, dx = \pi \cdot \left[\frac{4}{3} x^3 \right]_0^1 = \frac{4}{3}\pi$$

$y=2x$를 x축을 중심으로 회전한 원뿔의 부피$(0 \le x \le 1)$를 구하는 그림과 적분법

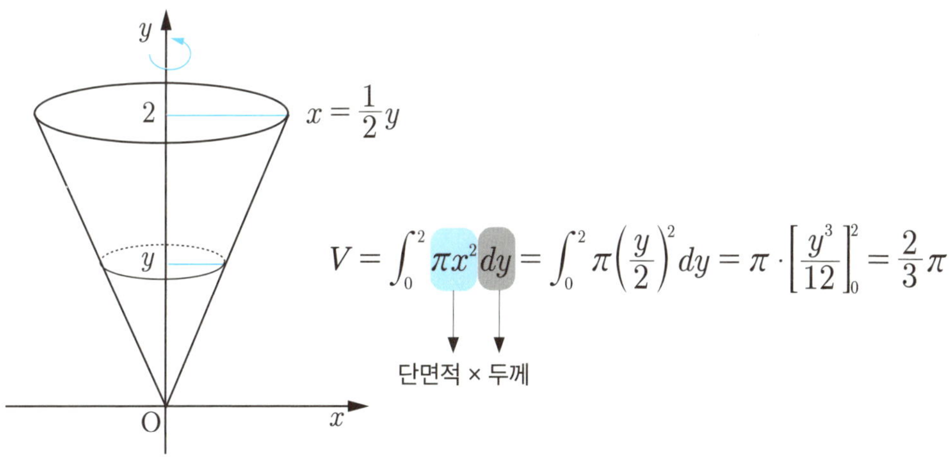

$$V = \int_0^2 \pi x^2 \, dy = \int_0^2 \pi \left(\frac{y}{2} \right)^2 dy = \pi \cdot \left[\frac{y^3}{12} \right]_0^2 = \frac{2}{3}\pi$$

$y=2x$를 y축을 중심으로 회전한 원뿔의 부피$(0 \le y \le 2)$를 구하는 그림과 적분법

구의 부피

$$V = \frac{4}{3}\pi r^3$$

회전체의 적분은 얇은 원판과 같은 모양의 원기둥을 적분 범위에 따라 여러 개 더한 무한합으로 계산하는 것이며, 원뿔의 부피를 구하는 예를 통해 이해했다면 구의 부피는 어느 정도 쉽게 느껴질 수 있다. 구는 어느 방향으로 자른 단면도 원인 유일한 입체도형이다. 그러면 구의 부피는 왜 $V = \frac{4}{3}\pi r^3$일까? 그리고 구는 유일하게 반지름만 알아도 부피를 구할 수 있는 도형이라 더욱 신기할 따름이다.

구를 좌표평면에서 구의 중심을 원점 $(0, 0)$으로 하고 x, y 좌표에 반지름 r을 표시한다. 그리고, 반원을 x축을 중심으로 한 번 회전시킨다. 물론 y축으로 회전해도 결과는 마찬가지이니 여러분이 원하는 대로 선택해도 된다.

원의 방정식 $x^2 + y^2 = r^2$에서 반지름의 제곱인 y^2을 $y^2 = r^2 - x^2$으로 정리한다.

자! 이제 식을 세워 보자. $\int_{-r}^{r} \pi y^2 \, dx$가 바로 부피를 구하기 위해 세운 정확한 식이다. 그리고 계산하면 $\frac{4}{3}\pi r^3$이다.

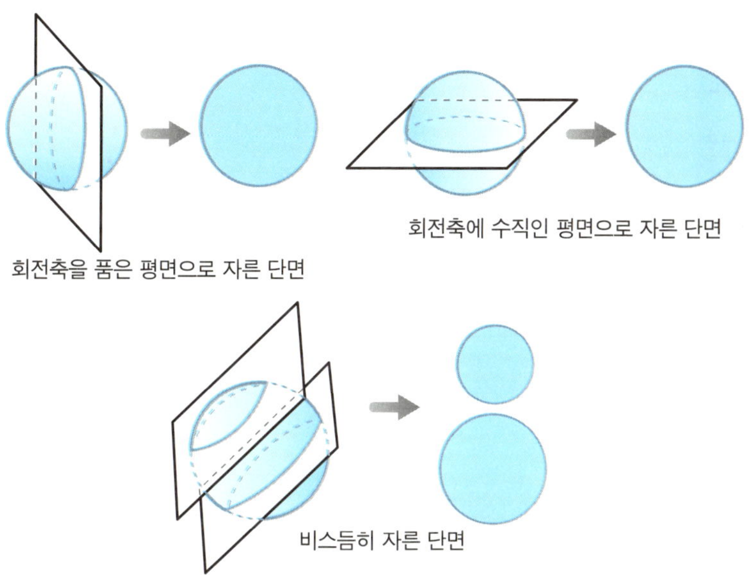

구의 자른 단면은 방향이 달라도 항상 원이다.

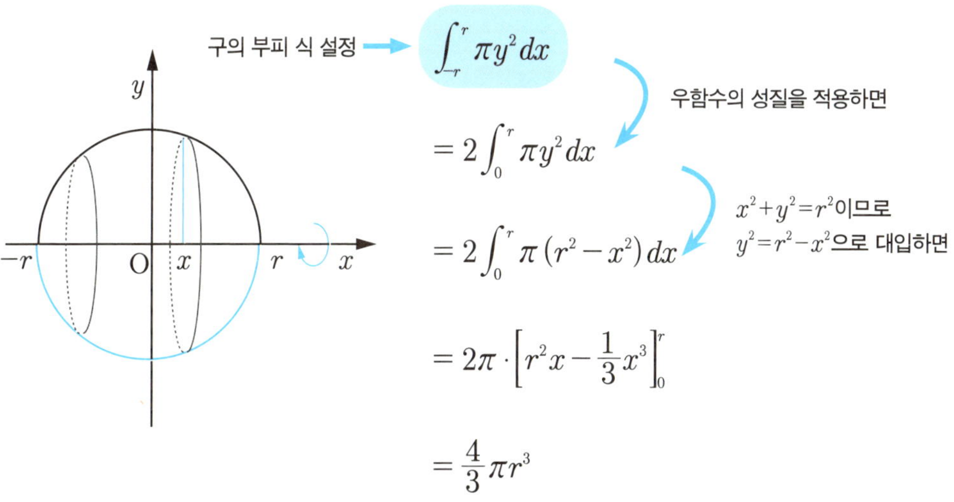

구의 부피 적분법 그림과 식설정

문제1 다음 함수의 그래프를 보고 문제를 풀어보시오

$$y = -x^3 + 5x^2 - 6x$$

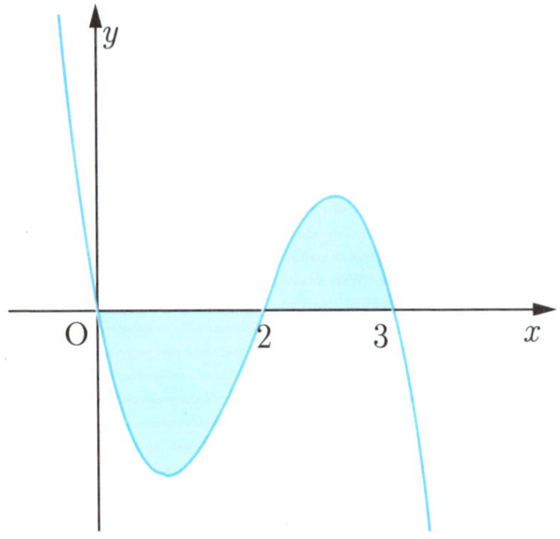

(1) 구간 [0,3]에서의 정적분 값을 구하시오.

(2) 구간 [0,3]에서 그래프와 x축 사이의 넓이를 구하시오.

문제2 곡선 $y = e^x$를 구간 [0, 2]에서 x축을 중심으로 회전시켜 생기는 입체의 부피를 구하시오.

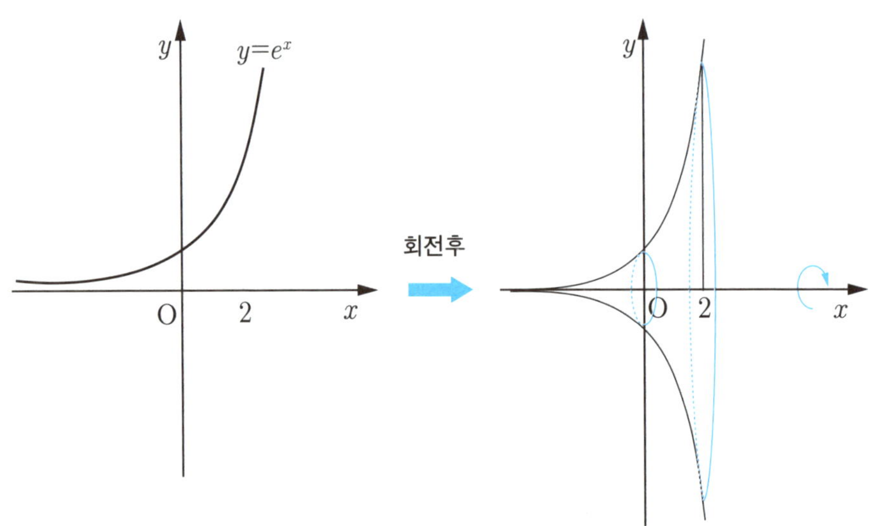

문제1 풀이

(1) 정적분

$$\int_0^3 (-x^3 + 5x^2 - 6x)\,dx = \left[-\frac{1}{4}x^4 + \frac{5}{3}x^3 - 3x^2\right]_0^3 = -\frac{9}{4}$$

(2) 넓이

함수는 [0,2]에서 음수, [2,3]에서 양수이므로 구간을 나누어 계산한다.

[0,2]에서의 넓이: $S_1 = \int_0^2 \{-(-x^3 + 5x^2 - 6x)\}\,dx = \left[\frac{1}{4}x^4 - \frac{5}{3}x^3 + 3x^2\right]_0^2 = \frac{8}{3}$

[2,3]에서의 넓이: $S_2 = \int_2^3 (-x^3 + 5x^2 - 6x)\,dx = \left[-\frac{1}{4}x^4 + \frac{5}{3}x^3 - 3x^2\right]_2^3 = \frac{5}{12}$

따라서 전체 넓이 $S_1 + S_2 = \frac{8}{3} + \frac{5}{12} = \frac{37}{12}$

답

(1) 정적분: $-\dfrac{9}{4}$

(2) 넓이: $\dfrac{37}{12}$

문제 2 풀이

$y = e^x$의 적분구간은 [0,2]이므로 부피에 대한 식을 세우면 $V = \int_0^2 \pi y^2\,dx$ 이다.

따라서 적분을 계산하면 $V = \int_0^2 \pi (e^x)^2\,dx = \pi \cdot \left[\frac{1}{2}e^{2x}\right]_0^2 = \frac{\pi}{2}(e^4 - 1)$

답

$\dfrac{\pi}{2}(e^4 - 1)$

67 속도 그래프와 위치·변위의 관계

시간−속도 그래프를 통해 이동거리와 변위, 방향 전환 지점,
그리고 속력이 최대인 순간까지 쉽게 파악할 수 있다.

가속도를 적분하면 속도가 되고, 속도를 적분하면 위치가 나온다. 가속도, 속도, 위치의 관계가 중요하지만, 이동거리와 변위의 차이가 더 중요한 포인트다.

이동거리는 실제로 움직인 총거리이다. 사람이 어떤 길로 가든 움직인 모든 거리를 더한 값으로 항상 양수이다.

반면 변위는 처음 위치와 끝 위치의 차이다. 집을 나갔다가 다시 돌아오면 제자리라 변위는 0이 된다. 이 개념은 여러분이 잘 알 것이다.

정적분에서 자주 나오는 그래프는 시간 t와 속도 $v(t)$의 관계를 보여주는 '시간−속도 그래프'이다. 그래프를 보면 방향이 바뀐 횟수를 알 수 있다. 원점에서 a까지는 앞으로, a에서 c까지는 뒤로, c에서 d까지 앞으로, d에서 e까지 뒤로 움직였다.

그리고 $v(t)$의 절댓값이 가장 큰 점에서 속력이 가장 크다. 특히 $\left| \int_0^t v(t)\,dt \right|$는 변위의 크기로 원점에서 가장 가까운 또는 먼 점을 찾는다. $\int_0^t |v(t)|\,dt$는 이동거리이니 이 두 개를 구분하는 것이 중요하다.

시간 t와 속도 $v(t)$의 그래프 분석

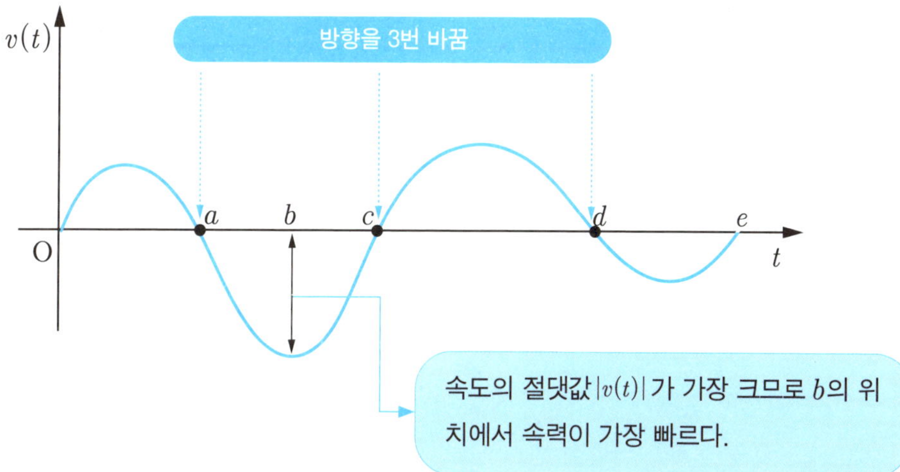

(1) 원점에서 가장 멀리 있는 점을 알려면 $\left| \int_0^t v(t)\,dt \right|$ 를 계산하여 가장 큰 값을 구한다. 원점에서 가장 가까운 점은 가장 작은 값을 구한다.

(2) 이동거리는 $\int_0^t |v(t)|\,dt$ 로 계산한다.

선적분

$$l = \int_a^b \sqrt{1 + \left(\frac{dy}{dx}\right)^2}\,dx$$

곡선의 길이를 적분으로 구할 수 있다는 사실은 피타고라스 정리에서 출발한다.

아주 작은 구간에서 곡선은 거의 직선처럼 보이는데, 이 조각의 길이는 가로 변화량과 세로 변화량으로 이루어진 작은 직각삼각형의 빗변 길이와 같다.

이 작은 빗변들을 끝없이 잘게 나누어 모두 더하면, 곡선 전체의 길이가 되고 이것이 바로 곡선의 길이 공식을 이루게 된다.

곡선의 길이 공식은 다음과 같다.

$$l = \int_a^b \sqrt{1 + \left(\frac{dy}{dx}\right)^2}\,dx$$

언뜻 보면 선의 길이를 적분한다는 것이 생소할 수 있지만, 기울기가 조금씩 상이한 미세한 선분을 이어 붙여 전체 길이를 구하는 과정이라고 생각하면 흐름이 자연스럽게 이어진다. 마치 굽이진 길을 따라가며 아주 짧은 줄자를 수없이 대어 총 길이를 재는 것과 비슷한 느낌이다.

이제 예제로 $f(x) = \frac{1}{3}(x^2 - 2)\sqrt{x^2 - 2}$을 두고, $2 \le x \le 4$ 구간에서 곡선의 길이를 구해보자.

가장 먼저 해야 할 일은 곡선의 길이 공식을 적용할 수 있도록 $f'(x)$를 구하는 것이다. 이를 위해 식을 $\frac{1}{3}(x^2 - 2)^{\frac{3}{2}}$ 형태로 정리해 미분하면, $f'(x) = x(x^2 - 2)^{\frac{1}{2}}$이다.

이 값을 그대로 곡선의 길이 공식에 대입하면 적분식은 $\int_2^4 (x^2 - 1)\,dx$로 정리되며, 이 적분을 계산한 결과 곡선의 길이는 $\frac{50}{3}$이다.

이처럼 복잡하게 생긴 곡선이라도 잘게 나누어 바라보면 작은 직선들의 모임으로 해석할 수 있고, 이러한 관점 덕분에 적분을 이용해 곡선의 전체 길이를 정확하게 구할 수 있다.

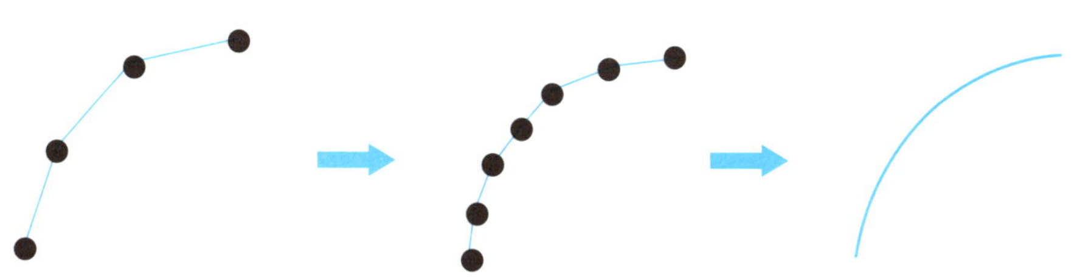

곡선을 수많은 직선으로 무한히 쪼개어 다시 붙이는 과정＝곡선의 길이

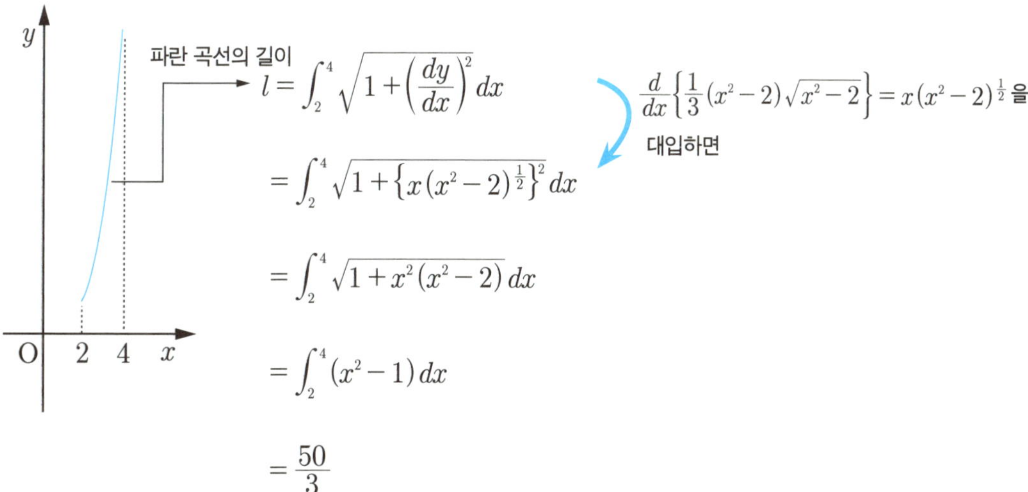

$$l = \int_2^4 \sqrt{1 + \left(\frac{dy}{dx}\right)^2}\, dx$$

$\dfrac{d}{dx}\left\{\dfrac{1}{3}(x^2 - 2)\sqrt{x^2 - 2}\right\} = x(x^2 - 2)^{\frac{1}{2}}$ 을 대입하면

$$= \int_2^4 \sqrt{1 + \left\{x(x^2 - 2)^{\frac{1}{2}}\right\}^2}\, dx$$

$$= \int_2^4 \sqrt{1 + x^2(x^2 - 2)}\, dx$$

$$= \int_2^4 (x^2 - 1)\, dx$$

$$= \frac{50}{3}$$

선적분은 곡선의 길이를 구하는 것이다.

미분의 실생활

미분과 적분은 시간이 지나면서 값이 어떻게 변하는지 알아보는 방법이고, 이런 변화가 일어나는 규칙을 수학식으로 나타낸 것이 바로 미분방정식이다.

미분방정식을 풀면 하나의 숫자가 아니라 시간이나 위치에 따라 달라지는 함수 자체가 답이므로, 원하는 시간과 장소에서 값이 어떻게 변할지 예측할 수 있어 중요하다.

맥스웰 방정식은 전기장과 자기장이 서로 영향을 주고받는 4가지 법칙으로 이루어진 미분방정식이다.

첫 번째 법칙은 전기장이 전하에서 발생한다는 것이고, 두 번째 법칙은 자기장이 끊어지지 않고 고리 모양을 이룬다는 것이다. 세 번째 법칙은 시간이 지나면서 자기장이 변하면 전기장이 생긴다는 것이며, 네 번째 법칙은 전류가 흐르거나 전기장이 변하면 다시 자기장이 생성된다는 것이다.

이러한 상호작용으로 스마트폰의 전파 송수신은 물론, 마이크, 발전기, 변압기, 반도체의 회로 설계 등의 작동 원리를 이해할 수 있다.

나비에 – 스토크스 방정식은 공기나 물처럼 흐르는 유체의 속도, 압력, 내부 힘, 외부 힘 변화를 설명한다. 그래서 날씨 예보와 영화 속 자연스러운 물과 연기 효과 제작에 활용된다.

치올콥스키 로켓 방정식은 연료 연소로 질량이 줄어드는 과정을 미분방정식으로 나타내고 적분해 로켓의 속도 변화량을 계산하는 공식이다. 이를 이용해 초기 질량, 연료 소모 후 질량, 배기 속도를 이용해 총 속도 변화를 예측하고 우주 비행 원리를 이해할 수 있다.

4개의 맥스웰 방정식 중 가장 핵심인 세 번째 미분방정식

$$\nabla \times E = -\frac{\partial B}{\partial t}$$

페러데이의 법칙은 시간이 지나면서 자속의 세기가 변하면 그곳에 전기가 새로 생긴다는 법칙이다. E는 전기장, B는 자기장, $\frac{\partial B}{\partial t}$는 시간에 따른 자기장의 변화이며 ∇는 미분 연산자이다.

$\nabla \times E$는 자기장이 고리 모양으로 생기는 성질을 의미한다.

나비에−스토크스 방정식

$$\rho\left(\frac{\partial v}{\partial t} + v \cdot \nabla_v\right) = -\nabla_p + \nabla \cdot T + f$$

나비에 스토크스 방정식의 좌변은 유체의 움직임(가속도,관성)이다. 그리고 우변은 그 움직임에 작용하는 모든 힘(압력, 점성, 외력)을 나타낸다.

치올콥스키 로켓 방정식

$$\Delta v = v_e \cdot \ln\left(\frac{M_0}{M_f}\right)$$

이 방정식은 로켓이 연료를 연소하면서 질량을 잃는 과정에서 발생하는 속도 변화량(Δv)을 정확하게 계산하는 원리를 담고 있다. 즉, 로켓의 초기 질량(M_0)과 연료를 모두 소모한 후의 최종 질량(M_f) 그리고 배기 속도 v_e사이의 관계를 나타내며, 이러한 관계는 미분방정식을 적분하여 얻어진 결과이다.

적분의 실생활

적분은 미분만큼이나 우리의 일상생활 속에서 다양하게 활용된다. 그중 재미있는 사례로는 뷔퐁의 바늘 문제가 있다.

마룻바닥에 바늘을 여러 번 던져서 바늘이 바닥의 금에 닿을 확률은 얼마일까?란 궁금증을 구하는 과정에서 적분이 사용되는데 이때 놀랍게도 원주율 π를 추정할 수 있다. 이는 수학사에서 적분이 확률과 기하학을 연결해주는 신기한 예로 꼽힌다.

또 다른 사례로는 CT스캔이 있다.

병원에서 촬영하는 CT는 여러 방향에서 찍은 X－선 데이터를 합쳐 몸속 단면 이미지를 만들어내는 방식으로 작동한다.

이를 수학적으로 구현하는 방법이 바로 라돈 변환이다.

쉽게 말해, 투명한 공 안에 있는 물체를 여러 각도에서 찍은 사진을 모아 내부 모습을 찾아내는 것과 같다. 라돈 변환에서 적분은 주요 역할을 한다. X－선이 지나가며 흡수된 모든 정보를 적분을 통해 합쳐 단면 데이터를 만들어내고, 그 결과 정확한 내부 구조를 재구성할 수 있다. 따라서 라돈 변환은 CT 이미지 생성의 수학적 기반이자, 적분이 실제로 활용되는 대표적인 사례이다.

경제학에서도 적분은 중요한 역할을 한다. 지니계수는 사회의 불평등 정도를 측정하는 지표로, 데이터 분석에 폭넓게 사용된다. 지니계수는 로렌츠 곡선을 기반으로 계산되는데, 곡선의 방정식이 주어지면 정적분을 통해 공식적으로 값을 구할 수 있다. 참고로 완전균등선과 로렌츠 곡선 사이 면적(A)이 작을수록 지니계수는 낮아지고, 이는 사회가 상대적으로 평등하다는 것을 의미한다.

반면 A가 크면 불평등한 것을 나타낸다.

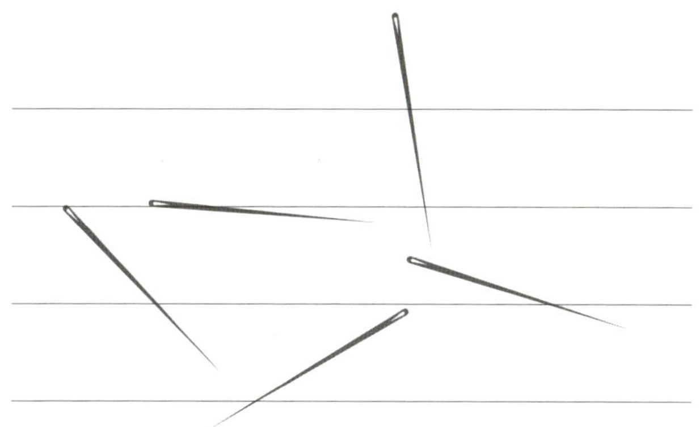

뷔퐁의 바늘 문제에서, 바늘의 길이 l, 선 간격 d, 각도 θ를 이용해 바늘이 선에 닿을 확률 P를 계산한다. 교차 조건에 해당하는 영역의 면적 비율은 적분으로 $P = \dfrac{4}{\pi d} \int_0^{\frac{\pi}{2}} \dfrac{l}{2} \sin \theta \, d\theta = \dfrac{2l}{d\pi}$ 로 나타낸다. 이 적분으로 π값을 추정할 수 있다.

라돈 변환

$$Rf(\theta, t) = \int_{-\infty}^{\infty} \int_{-\infty}^{\infty} f(x, y)\, \delta\,(x \cos \theta + y \sin \theta - t)\, dx \, dy$$

라돈변환은 CT에서 촬영된 여러 각도의 투영 데이터를 적분한 값을 기반으로 하여 내부 이미지를 재구성하는 데 사용한다.

지니 계수

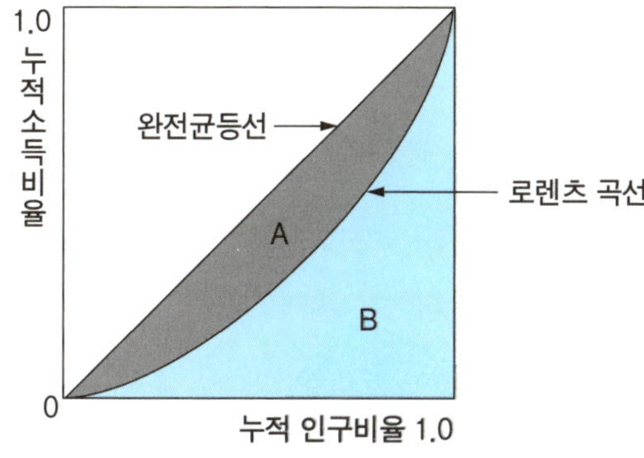

$$\text{지니 계수} = \dfrac{A}{A + B}$$

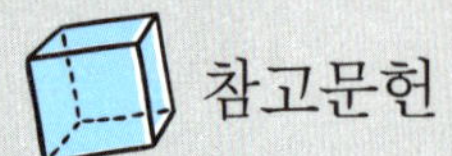 참고문헌

누구나 수학 위르겐 브뤽 지음, 정인회 옮김, 지브레인

만화 미적분 7일만에 끝내기 이시야먀 타이라, 오오가미 타케히코 지음, 정세환 옮김, 살림Math

미적분, 놀라운 일상의 공식 구라모토 다카후미 지음, 김소영 옮김, 미디어숲

법칙, 원리, 공식을 쉽게 정리한 수학 사전 와쿠이 요시유키 지음, 김정환 옮김, 그린북

손안의 수학 마크 프레리 저, 남호영 옮김, 지브레인

수학사 하워드 이브스 지음, 이우영, 신항균 옮김, 경문사

수학의 파노라마 클리퍼드 픽오버 지음, 김지선 옮김, 사이언스 북스

수학책을 탈출한 미적분 류치 지음, 이지수 옮김 동아엠앤비

숫자로 끝내는 수학 100 콜린 스튜어트 지음, 오혜정 옮김, 지브레인

오일러가 사랑한 수 e 엘리 마오 지음, 허 민 옮김, 경문사

일상에 숨겨진 수학 이야기 콜린 베버리지 지음, 장정문 옮김, 소우주

피보나치의 토끼 애덤 하트데이비스 지음, 임송이 옮김, 시그마북스

한 권으로 이해하는 미적분 후카가와 야스히사 지음, 원형원 옮김, 지브레인

한권으로 끝내는 수학 패트리샤 반스 스바니, 토머스 E. 스바니 공저, 오혜정 옮김, 지브레인

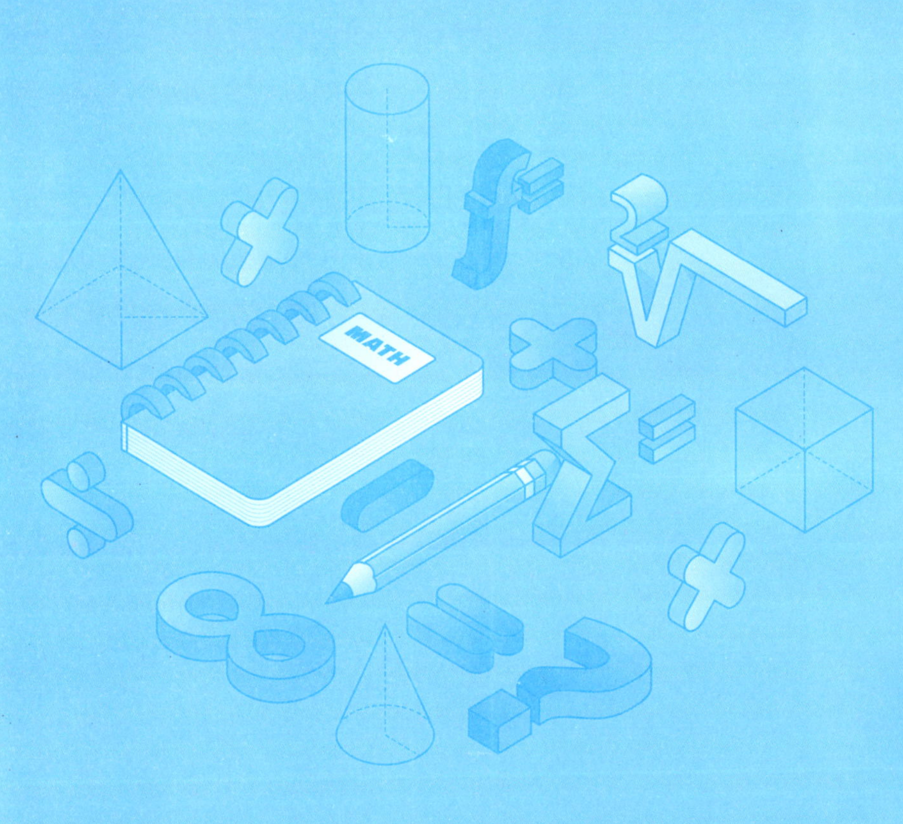